```
H927c    Humphreys, Cathy.
             Conversas numéricas: estratégias de cálculo mental para uma
         compreensão profunda da matemática / Cathy Humphreys, Ruth
         Parker; tradução: Sandra Maria Mallmann da Rosa; revisão técnica:
         Mário César Gonçalves Simões, Márcia Maria de Freitas Hauss. –
         Porto Alegre: Penso, 2019.
             xv, 202 p.: il.; 23 cm.

         ISBN 978-85-8429-177-9

             1. Matemática. 2. Ensino fundamental. 3. Ensino médio.
         4. Educação. I. Parker, Ruth.  II. Título.
                                                          CDU 51:37
```

Catalogação na publicação: Karin Lorien Menoncin – CRB 10/2147

Cathy **Humphreys**
Ruth **Parker**

CONVERSAS NUMÉRICAS

estratégias de cálculo mental para uma
compreensão profunda da matemática

Tradução
Sandra Maria Mallmann da Rosa

Revisão técnica
Mário César Gonçalves Simões
*Economista pela Universidade de São Paulo
e consultor pedagógico do Instituto Canoa*

Márcia Maria de Freitas Hauss
*Mestre em Ensino de Matemática pela
Pontifícia Universidade Católica de Minas Gerais*

Porto Alegre
2019

Obra originalmente publicada sob o título *Making number talks matter: developing mathematical practices and deepening understanding, grades 4-10.*
ISBN 9781571109989

Copyright © 2015 by Stenhouse Publishers, One Monument Way, 2nd Floor, Suite 250, Portland, Maine 04101, U.S.A. Stenhouse Publishers has authorized Grupo A Educação, publishing as Penso Editora Ltda., Av. Jeronimo de Ornelas 670 Porto Alegre RS Brazil, to translate this publication into Portuguese. Stenhouse Publishers is not responsible for the quality of the translation.

Gerente editorial: *Letícia Bispo de Lima*

Colaboraram nesta edição

Editora: *Paola Araújo de Oliveira*

Capa: *Márcio Monticelli*

Imagem da capa: *©shutterstock.com/Fabio Berti, many numbers in the air, 3d illustration - Ilustração*

Preparação de original: *Josiane Tibursky*

Leitura final: *Daniela de Freitas Louzada*

Editoração: *Kaéle Finalizando Ideias*

Reservados todos os direitos de publicação, em língua portuguesa, à
PENSO EDITORA LTDA., uma empresa do GRUPO A EDUCAÇÃO S.A.
Av. Jerônimo de Ornelas, 670 – Santana
90040-340 – Porto Alegre – RS
Fone: (51) 3027-7000 – Fax: (51) 3027-7070

SÃO PAULO
Rua Doutor Cesário Mota Jr., 63 – Vila Buarque
01221-020 – São Paulo – SP
Fone: (11) 3221-9033

SAC 0800 703-3444 – www.grupoa.com.br

É proibida a duplicação ou reprodução deste volume, no todo ou em parte, sob quaisquer formas ou por quaisquer meios (eletrônico, mecânico, gravação, fotocópia, distribuição na Web e outros), sem permissão expressa da Editora.

IMPRESSO NO BRASIL
PRINTED IN BRAZIL

Autoras

Cathy Humphreys é Doutora em Ensino e Aprendizagem de Matemática pela Stanford University. Foi professora dos ensinos fundamental e médio em escolas públicas na Califórnia durante 30 anos. Tem trabalhado como instrutora para a educação matemática colaborativa e para soluções matemáticas, e como treinadora matemática da Iniciativa de Matemática do Vale do Silício. É coautora, com Jo Boaler, do livro *Connecting mathematical ideas*.

Ruth Parker é ex-professora do ensino fundamental. Passou mais de 20 anos liderando o desenvolvimento profissional de matemática e liderança em matemática para a educação básica. É CEO da Mathematics Education Collaborative e autora de *Mathematical power: lessons from a classroom* e inúmeros artigos sobre educação matemática.

Para Ellie e Ezra (e os pequenos de Cathy, que estão a caminho) – vocês são a inspiração para nosso trabalho e nos dão esperança quanto ao futuro.

Agradecimentos

Este livro abrange convicções profundas sobre ensino e aprendizagem que desenvolvemos com a ajuda de muitos colegas, professores e estudantes que nos desafiaram e inspiraram ao longo dos anos.

Não poderíamos ter desejado melhor companheira de viagem neste caminho do que Patty Lofgren, que se mostrou uma grande parceira na concepção, no planejamento e na colaboração para que nosso trabalho com professores pudesse criar raízes. Agradecemos a Marilyn Burns, que, anos atrás, acreditou em nós antes de nós mesmas e nos encorajou a destacar que a essência do nosso ensino era mostrar que a matemática faz sentido.[1] Também somos gratas a Joan Carlson, por nos mostrar a mágica que acontece quando apresentamos um problema, saímos do caminho e deixamos que os alunos se esforcem para encontrar o sentido, a lógica matemática do problema. Somos especialmente gratas a Bonnie Tank, por compartilhar conosco seu conhecimento sobre o engajamento de professores e alunos com ideias matemáticas e por nos inspirar a fazer o mesmo.

Toby Gordon, obrigado por nos convidar a escrever, gentilmente verificando para ver como estava a produção desta obra e sempre respondendo com um *sim*, mesmo quando nossas solicitações eram irracionais. Você sabia o que queríamos e nos ajudou a concretizá-lo. Não poderíamos esperar um melhor editor e mentor.

Dan Tobin, somos eternamente gratas por seus esforços em ajudar a divulgar para o mundo nosso trabalho sobre Conversas Numéricas.

E, finalmente, queremos agradecer aos muitos professores e colegas que nos incentivaram a escrever.

Foi uma experiência incrível escrever este livro com Ruth, que há muito tempo é minha heroína, me inspirou de tantas maneiras e por meio da qual tive o primeiro contato com as Conversas Numéricas. Sinto-me privilegiada por ter tido essa experiência e feliz por auxiliá-la a colocar essas ideias importantes nas mãos de mais professores.

Foram tantas as pessoas que influenciaram e inspiraram minha trajetória profissional! Contudo, para este livro, sou especialmente grata a Melissa Johnson e Tara Perea, que aprenderam a realizar Conversas Numéricas sob o olhar atento de uma câmera de vídeo enquanto trabalhávamos juntas para descobrir como ajudar estudantes do ensino médio a encontrar sentido em toda a aritmética que haviam aprendido, mas que pouco entendiam. Obrigada a vocês duas por responderem paciente e elegantemente a minhas muitas perguntas e *e-mails*, mesmo muitos anos mais tarde. Também sou grata a Jessica Uy e David Heinke – professores colaboradores de Tara e Melissa, do Stanford Teacher Education Program –, que nos deram espaço e tempo para aprender com seus alunos.

E, finalmente, Sean e Arielle – vocês são o meu mundo!

Cathy Humphreys

Sou imensamente grata a Kathy Richardson, minha boa amiga e colega, pelas longas caminhadas e pelas muitas e muitas horas de conversas que resultaram no nascimento do que ela pela primeira vez chamou de *Conversas Numéricas*. Sou especialmente grata a Cathy Young pelo presente que me deu ao me receber tão bem em sua sala de aula durante um ano. O que realizamos juntas para descobrir como dar vida ao raciocínio numérico e a toda a matemática com seus 29 alunos mudou para sempre o meu trabalho.

Cathy, é muito pouco dizer que este livro nunca poderia ter sido escrito sem você. Seu brilhantismo, gentileza, sabedoria e talento como escritora e seu encorajamento constante fizeram de você a perfeita coautora. Sinto-me honrada por ter trabalhado com você. Obrigada por dizer: "Você precisa fazer este livro, e eu vou escrevê-lo com você", e por nunca ter titubeado em relação a esse comprometimento.

Finalmente, Adonia e Ian, vocês me abençoaram com dois netos incríveis que iluminam a minha vida, e têm tanto cuidado comigo para que eu tenha tempo e espaço para realizar meu trabalho; *obrigada* parece ser inadequado. Eu amo vocês.

Ruth Parker

Nota

1 N. de R.T. *Sentido*, aqui, tem o significado de encadeamento coerente de coisas ou fatos, razão de ser, lógica. E não de propósito, aquilo que se pretende alcançar quando se realiza uma ação.

Apresentação
à edição brasileira

O Instituto Canoa foi criado a partir da convicção de que todos os professores devem ter acesso às melhores práticas e à base de conhecimento científico sobre ensino e aprendizagem disponíveis no Brasil e no mundo. Nosso principal objetivo é apoiar projetos que promovam a melhoria da qualidade da formação de professores no País, em parceria com universidades, escolas e secretarias de educação. Consideramos a obra de Cathy Humpreys e Ruth Parker uma aliada poderosa para professores e formadores de professores de matemática em busca de salas de aula que incitem o pensamento autônomo dos estudantes e a participação equitativa de todos.

Conversas Numéricas são sessões curtas nas quais o professor propõe cálculos mentais aos alunos que, posteriormente, compartilham e explicam seu raciocínio para chegar ao resultado. O compartilhamento evidencia as diferentes estratégias usadas para resolver um mesmo problema, permitindo que os estudantes percebam que a matemática é flexível mesmo em um de seus pilares fundamentais: as quatro operações. As ferramentas práticas apresentadas neste livro são extremamente poderosas, incluindo recomendações específicas para atuação em sala de aula e exemplos de produções de estudantes.

Tivemos a oportunidade de exercitar as Conversas Numéricas no contexto de nossas comunidades de prática, nas quais tanto o planejamento como a reflexão são realizados de forma coletiva. Nas oficinas de férias ministradas em parceria com a Prefeitura Municipal de São Roque, São Paulo, realizamos Conversas Numéricas diretamente com alunos dos anos finais do ensino fundamental. Nossa experiência não poderia ter sido melhor. As Conversas Numéricas foram a porta de entrada efetiva para o engajamento de muitos alunos em discussões coletivas. Foi apenas durante as Conversas Numéricas que muitos deles decidiram falar pela primeira vez publicamente sobre suas ideias matemáticas. E, como antecipado por Cathy Humphreys e Ruth Parker, à medida que aprendiam com as estratégias demonstradas pelos próprios colegas, notamos que os alunos progrediam gradualmente no nível de complexidade e na variabilidade de estratégias que ofereciam para os problemas propostos.

No Programa de Especialização Docente (PED Brasil), projeto criado e liderado pelo Centro Lemann da Stanford University (Estados Unidos), somos parceiros no

APRESENTAÇÃO À EDIÇÃO BRASILEIRA

desenvolvimento de uma rede de universidades brasileiras para a oferta de cursos de especialização inspirados nos princípios e no currículo do Stanford Teacher Education Program (STEP). Nesse programa, apresentamos e exercitamos Conversas Numéricas com docentes universitários, que, por sua vez, apresentaram a estratégia para professores da educação básica de escolas públicas e privadas. Os relatos da interação dessa rede de docentes universitários e professores da educação básica foram igualmente positivos. Em diferentes contextos e séries, foi generalizada a percepção dos professores em relação ao aumento do nível de engajamento de seus alunos nas aulas de matemática.

Esta obra é extremamente valiosa para professores da educação básica, para docentes de cursos de licenciatura em matemática e pedagogia, e para o público interessado em métodos inovadores de ensino de matemática.

Instituto Canoa

Prefácio

A magia das Conversas Numéricas

As Conversas Numéricas são o começo perfeito para toda aula de matemática. Não se comparam a nenhum outro método que eu conheça. Muitas atividades de matemática importantes requerem muito planejamento e uma hora de tempo de ensino, mas as Conversas Numéricas são diferentes. Em um espaço de tempo muito curto (15 minutos, aproximadamente), os professores podem proporcionar aos alunos algumas das maiores oportunidades – podem mudar sua visão da matemática, ensinar-lhes senso numérico, auxiliá-los a desenvolver competências matemáticas e, ao mesmo tempo, engajá-los em uma matemática aberta e criativa. Ensinei Conversas Numéricas em minha aula *on-line* para professores (www.youcubed. org), que já foi assistida por 40 mil pessoas. Desde então, professores de todos os níveis de ensino têm me contado que as Conversas Numéricas mudaram tudo para seus alunos. Assim, é um acontecimento fantástico que Cathy Humphreys e Ruth Parker, duas das maiores profissionais que conheço, cujo conhecimento sobre a aprendizagem da matemática é mais profundo do que o de quase todos os profissionais que já encontrei, tenham se unido para escrever este livro.

Ruth Parker e Cathy Humphreys criaram as Conversas Numéricas no início da década de 1990, embora poucas pessoas saibam disso. Cathy Humphreys foi fundamental na ampliação das Conversas Numéricas para um nível mais elevado e estudou sua utilização com estudantes do ensino médio e de pós-graduação na Stanford University. Juntas, Cathy e Ruth desenvolveram um incrível conhecimento das melhores formas de ensinar Conversas Numéricas com estudantes de todos os níveis, e ele está reunido neste livro de fácil leitura.

Uma das razões pelas quais as Conversas Numéricas são tão importantes é que oferecem aos estudantes, e aos adultos, uma perspectiva completamente diferente da matemática – que se revela essencial para a aprendizagem futura. Recentemente, estava lecionando para um grupo de alunos desmotivados do 7º e 8º anos (BOALER, 2015b) com meus alunos da graduação da Stanford, no contexto desafiador do curso de férias. A maioria dos alunos detestava matemática, e sua única experiência havia sido calcular silenciosamente problemas nas folhas de exercícios – daí sua aversão pela disciplina. Iniciamos cada dia do verão com uma Conversa

Numérica e coletamos os diferentes métodos dos alunos para a solução de problemas particulares daquele dia. A experiência foi transformadora, pois eles, antes disso, nunca haviam percebido que problemas matemáticos poderiam ser resolvidos de maneiras diferentes, particularmente aqueles com números inteiros, como 27×12. Durante o tempo que passaram conosco, os estudantes aprenderam que a matemática é uma matéria visual e aberta, e que todos os problemas matemáticos podem ser resolvidos com a utilização de diferentes métodos e caminhos. Essa nova perspectiva mudou tudo para eles, e não teríamos chegado a essa mudança importante sem as Conversas Numéricas.

Desde que aprendi sobre Conversas Numéricas com Ruth e Cathy, eu as tenho utilizado em muitas situações diferentes, trabalhando exatamente nos mesmos problemas com estudantes de graduação em Stanford, com crianças com dificuldades escolares e com diretores de importantes empresas – todos eles com engajamento igualmente alto. Aprendi, ao longo desse processo, que mesmo as pessoas que usam matemática de alto nível, incluindo aqueles que trabalham em grandes empresas, como Wolfram Alpha e Udacity, não sabiam que problemas numéricos podem ser tão abertos, e com soluções criativas que podem ser mostradas visualmente. Uma leitora do meu livro *What's math got to do with it?*,[1] que apresenta vários métodos para resolver o problema 18×5, disse que já sabia que problemas numéricos tinham diferentes métodos, mas, de certa forma, ela sempre havia pensado que soluções criativas e flexíveis eram "contra as regras" em matemática.

O poder das Conversas Numéricas de transformar a visão que as pessoas têm da matemática não pode ser superestimado, mas o fato é que há outros objetivos que também podem ser alcançados. O senso numérico é o fundamento mais importante que os alunos podem ter e é a base para toda a matemática mais complexa. Quando estudantes fracassam em álgebra, não é porque álgebra é uma matéria muito difícil; é porque eles não têm uma base de senso numérico. Embora muitos professores compreendam isso, eles não sabem como desenvolver o senso numérico nos alunos e frequentemente trabalham *contra* ele, encorajando a memorização mecânica de fatos numéricos e procedimentos (BOALER, 2015a). Quando um professor me pergunta "Como desenvolvo o senso numérico?", minha resposta é curta: Conversas Numéricas. Da mesma forma que ensinar aos estudantes os fatos matemáticos que eles precisam conhecer, as Conversas Numéricas lhes ensinam a entender as relações numéricas que são tão essenciais para a compreensão da matemática. Elas também auxiliam os professores a criar salas de aula em que os alunos se sentem encorajados a compartilhar seus pensamentos e em que os professores adquirem competências para ouvir as ideias dos seus alunos. Esses são alguns dos objetivos mais importantes para toda sala de aula de matemática.

As Conversas Numéricas são muito fáceis de aprender e desenvolvê-las é muito prazeroso para os professores, mas há aspectos importantes a serem aprendidos para implementá-las de modo mais eficaz. Os professores podem assistir a um vídeo de um professor especializado desenvolvendo uma Conversa Numérica e achar que são simples de realizar porque podem *parecer* ilusoriamente fáceis. No entanto, quando começam a ensinar Conversas Numéricas, surgem muitas indagações: O que devem dizer quando os alunos compartilham uma solução incorreta ou quando há um erro em seu trabalho? O que fazer quando os alunos não têm nenhum método para compartilhar? Como saber quais são os melhores problemas a usar para as Conversas Numéricas? Onde encontrar exemplos de Conversas Numéricas para alunos de ensino fundamental e médio? Essas perguntas e muitas mais são respondidas neste livro.

Considero fascinantes os livros escritos por professores reais, que descrevem o ofício de ensinar. Adoro ler sobre a complexidade do ensino e as decisões que eles tomam para apoiar a aprendizagem dos seus alunos. A leitura desta obra me proporcionou um prazer especial porque analisa o ensino em profundidade, descrevendo as estratégias matemáticas dos alunos, além das diferentes estratégias pedagógicas, incluindo aquelas que podem ser usadas nas mais difíceis situações de ensino. O rico conhecimento que Cathy e Ruth compartilham, resultante de décadas de experiência, é de valor inestimável. Convido você a desfrutar das páginas a seguir, a aprender com essas duas incríveis educadoras e a envolver os alunos no mundo maravilhoso das Conversas Numéricas.

Jo Boaler
Professora de educação matemática na Stanford University

Nota

1 N. de E. O livro *O que a matemática tem a ver com isso?*, a ser publicado pela Penso Editora, em breve estará disponível para os leitores em língua portuguesa.

Referências

BOALER, J. *Fluency without fear*: research evidence on the best ways to learn math facts. 2015a. Disponível em: <https://bhi61nm2cr3mkdgk1dtaov18-wpengine.netdna-ssl.com/wp-content/uploads/2017/03/FluencyWithoutFear-2015-1.pdf>. Acesso em: 23 jun. 2018.

BOALER, J. *What's math got to do with it?*: how teachers and parents can transform mathematics learning and inspire success. New York: Penguin, 2015b.

Sumário

Apresentação à edição brasileira
Instituto Canoa xi

Introdução 1

1. O que são Conversas Numéricas? Por que são tão importantes?...... 6

2. Dando início às Conversas Numéricas.............................. 12

3. Princípios norteadores para adotar
   Conversas Numéricas em sala de aula 28

Preâmbulo para as operações 36

4. A subtração em todos os anos.. 41

5. A multiplicação em todos os anos.................................. 63

6. A adição em todos os anos 82

7. A divisão em todos os anos 96

8. Encontrando sentido nas frações
   (nos decimais e nas porcentagens)................................ 111

9. Conversas Numéricas podem desencadear investigações 136

10. Lidando com os obstáculos no caminho 168

11. Seguindo em frente 183

Apêndice A 188

Apêndice B 189

Apêndice C 190

Referências 196

Índice 198

Introdução

A maior parte dos professores no ensino superior lamenta a falta de compreensão matemática de seus alunos. Com frequência, eles secretamente – ou nem tanto – se perguntam o que seus alunos fizeram nas classes anteriores. Por que eles não conhecem fatos da multiplicação no 4º, 5º ano do ensino fundamental ou mesmo na 1ª série do ensino médio? Por que alguns ainda escondem os dedos por baixo da mesa enquanto contam? E por que eles têm tantos problemas com frações? O fato de isso acontecer em tantas salas de aula indica que a falha reside não nos estudantes, ou mesmo em seus professores, mas em como a matemática foi ensinada, ano após ano, com a melhor das intenções.

Entender as quantidades e as relações numéricas está ao alcance de todos os estudantes, embora muitos deles não percebam isso. Eles chegam às salas de aula temendo e evitando a matemática e, o que é pior ainda, achando que não são bons nela. Acreditando que utilizar a matemática se trata principalmente de usar os procedimentos corretamente, eles aprenderam a focar na obtenção da resposta correta, não importando se o processo faz sentido para eles – muitos inclusive não têm nenhuma expectativa de que ela faça sentido. O resultado é que aprendem a se afastar de seu raciocínio – e até mesmo a desconfiar dele.

Conversas Numéricas: estratégias de cálculo mental para uma compreensão profunda da matemática pretende auxiliar os estudantes a retomar a autoridade sobre seu próprio raciocínio por meio de uma curta rotina diária de 15 minutos, nas chamadas Conversas Numéricas, em que raciocinam mentalmente com números. Este livro ajudará você, professor, a aprender a utilizar essa rotina para que, com o tempo, seus alunos desenvolvam uma sólida noção do significado das quantidades e operações enquanto adquirem proficiência nas práticas matemáticas.

A boa notícia é que as Conversas Numéricas têm uma estrutura previsível que lhe apoiará nesse caminho gratificante, independentemente do nível para o qual você leciona. A má notícia é que não há uma rota definida a ser seguida. Não podemos lhe dizer exatamente o que fazer, e não iríamos querer fazer isso, mesmo que pudéssemos! O processo de engajar os estudantes no raciocínio com números é o que esperamos que você considere como uma empreitada de solução de problemas – uma investigação que lhe ajudará a aprender a ouvir seus alunos e a aprender junto com eles enquanto desenvolve suas aulas em torno do pensamento deles.

Uma palavra sobre nós – Cathy e Ruth

As Conversas Numéricas representaram uma grande mudança em nossa prática. Fomos ensinadas a garantir que nossos alunos não ficassem confusos, a explicar claramente e a estruturar nossa didática de forma que todos os alunos saberiam exatamente o que fazer. Saber que a dissonância cognitiva é uma parte valiosa e até mesmo necessária do processo de aprendizagem fez examinarmos nossa prática em muitos níveis. E a recompensa foi enorme. Quando nossos alunos perceberam que tinham ideias matemáticas que valiam a pena ser ouvidas, quando aprenderam a defender suas formas de saber com argumentos matemáticos sólidos e quando aprenderam o valor de ouvir uns aos outros e a se basear nas ideias de seus colegas, a cultura das nossas classes de matemática foi ricamente aprimorada.

Sim, focamos nas Conversas Numéricas neste livro, mas também reservamos um tempo para explorar os princípios de ensino e aprendizagem. Adoraríamos ver cada sala de aula, todos os dias, sendo guiada pelos princípios que descrevemos aqui. E sabemos que proporcionar um espaço em que, durante 15 minutos por dia, as crianças possam ser as *proprietárias* das ideias matemáticas – apenas essa única e pequena inovação – pode mudar profundamente sua relação com a matemática e sua crença em si mesmas como aprendizes. Em última análise, se um número suficiente de estudantes começar a acreditar em si mesmos, isso simplesmente poderá mudar o mundo.

O que apresentamos a seguir é uma rápida visão geral de cada capítulo. Embora nossa expectativa seja que você considere todo o livro motivador e útil, estamos cientes de que os leitores trazem consigo uma gama de experiências quando se trata de Conversas Numéricas. Para aqueles que são novos no assunto, procuramos fornecer detalhes suficientes para que se sintam preparados para dar início a Conversas Numéricas em suas salas de aula. Para aqueles com muita experiência, buscamos abordar os temas de forma a ajudá-los a tornar as Conversas Numéricas uma parte ainda mais poderosa e empoderadora da sua rotina escolar. Assim, esta visão geral de cada capítulo tem a intenção de ajudá-lo a tomar decisões sobre por onde começar.

Capítulo 1: O que são Conversas Numéricas? Por que são tão importantes?

As Conversas Numéricas ajudam a trazer o interesse, o entusiasmo e a alegria de volta às salas de aula de matemática. Antes de mostrarmos como transformar as curtas Conversas Numéricas diárias em uma parte rotineira das suas aulas, examinamos por que elas são extremamente necessárias.

Capítulo 2: Dando início às Conversas Numéricas

Embora as Conversas Numéricas, algumas vezes denominadas *conversas matemáticas*, estejam ganhando proeminência na literatura atual e em muitas salas de aula, o termo tem diferentes significados para diferentes pessoas. Neste capítulo, descrevemos o que queremos dizer quando nos referimos a Conversas Numéricas e explicamos como organizá-las como uma rotina em classe. Também sugerimos estratégias de ensino e ideias para auxiliar no sucesso de suas Conversas Numéricas.

Capítulo 3: Princípios norteadores para adotar Conversas Numéricas em sala de aula

Várias crenças sobre o ensino da matemática orientam todas as nossas decisões sobre abordagem durante as Conversas Numéricas. Esperamos que esses *princípios norteadores para Conversas Numéricas* se tornem parte do seu ensino também.

Preâmbulo para as operações

Antes de examinar em profundidade uma operação particular, como faremos nos Capítulos 4 a 7, explicamos como esses quatro capítulos estão organizados. Também introduzimos ideias que consideramos como as *novas noções básicas* para as Conversas Numéricas e abordamos questões em comum nas operações de adição, subtração, multiplicação e divisão.

Capítulo 4: A subtração em todos os anos

Neste capítulo, discutimos por que a subtração pode ser um bom lugar por onde iniciar a incorporar as Conversas Numéricas. Descrevemos as principais estratégias que funcionam de forma eficiente para a subtração à medida que aumenta a sua complexidade a cada série e lhe auxiliamos a refletir por que você escolheria determinado problema em vez de outro.

Capítulo 5: A multiplicação em todos os anos

Este capítulo nos leva dos primeiros contatos com a multiplicação até uma multiplicação com números de muitas ordens, de números inteiros e números racionais e à multiplicação de expressões algébricas. Também damos especial atenção às representações geométricas, que são particularmente poderosas na transição para a álgebra.

Capítulo 6: A adição em todos os anos

Neste capítulo, descrevemos e desenvolvemos estratégias que funcionam bem para a adição à medida que aumenta a sua complexidade a cada série. Como nos capítulos anteriores, também exploramos as propriedades aritméticas conforme afloram nos métodos pessoais que os estudantes elaboram para a solução de problemas.

Capítulo 7: A divisão em todos os anos

As Conversas Numéricas podem oferecer uma nova alternativa ao ensino do algoritmo tradicional da divisão longa que há muito tempo vem confundindo muitos estudantes, ao mesmo tempo consumindo um tempo desnecessário de instrução da matemática. Neste capítulo, discutimos maneiras pelas quais os estudantes podem entender a divisão, dividir números inteiros e números racionais de forma eficiente e fazer estimativas razoáveis na divisão.

CONVERSAS NUMÉRICAS

Capítulo 8: Encontrando sentido nas frações (nos decimais e nas porcentagens)

Muitos estudantes do fim do ensino fundamental e do ensino médio não querem saber de nada que tenha a ver com frações, mas sua falta de compreensão é um obstáculo para o sucesso em cursos de matemática superior. Neste capítulo, apresentamos tarefas e ideias para auxiliá-los no entendimento das frações, decimais e porcentagem por meio das Conversas Numéricas.

Capítulo 9: Conversas Numéricas podem desencadear investigações

Embora seja importante limitar as Conversas Numéricas diárias a cerca de 15 minutos, algumas vezes surge uma ideia matemática merecedora de maior investigação durante uma Conversa Numérica. Neste capítulo, ilustramos como ideias apresentadas durante Conversas Numéricas podem levar a lições matemáticas importantes – embora mais longas.

Capítulo 10: Lidando com os obstáculos no caminho

Por mais cuidadoso que seja seu plano e por mais que você acredite que Conversas Numéricas são importantes para seus alunos, as coisas nem sempre irão evoluir com facilidade. Vocês estão aprendendo juntos, portanto, é provável que ocorram situações difíceis ao longo do caminho. Entretanto, como você verá, elas proporcionam grandes oportunidades de aprendizagem. Neste capítulo, identificamos perguntas complicadas que nos foram feitas, e compartilhamos nossos pensamentos sobre o que os professores podem fazer para superar alguns dos desafios comuns que enfrentamos com Conversas Numéricas.

Capítulo 11: Seguindo em frente

Aqui retomamos nossa visão na esperança de inspirá-lo a continuar com o que acreditamos ser uma prática de sala de aula transformadora.

1 O que são Conversas Numéricas? Por que são tão importantes?

Muitos professores já adotaram as Conversas Numéricas, uma breve prática diária na qual os estudantes resolvem mentalmente problemas de cálculos e falam sobre suas estratégias, como um modo de transformar de forma significativa o ensino e a aprendizagem em suas salas de aula de matemática. Algo maravilhoso acontece quando os alunos aprendem que podem dar sentido à matemática a partir de suas próprias estratégias, apresentar argumentos matematicamente convincentes e criticar e se basear nas ideias dos seus colegas. Quando os alunos se sentam na beirada de suas cadeiras, ansiosos por compartilhar suas ideias, mergulhando fundo nas razões pelas quais os procedimentos matemáticos funcionam, passam a gostar de matemática e sabem que conseguem entendê-la. E, embora os estudantes dos anos finais do ensino fundamental e do ensino médio possam não demonstrar entusiasmo tão explícito, também passam a encarar as Conversas Numéricas como significativas e divertidas. Os professores rapidamente descobrem que, se não reservarem tempo para uma Conversa Numérica, os alunos irão lembrá-los disso. Eles não querem perder as Conversas Numéricas!

Esse cenário está muito distante das salas de aula de matemática que a maioria de nós vivenciou, e é até mesmo muito diferente das salas de aula em que muitos de nós ensinamos por anos. Todos já vimos estudantes com as cabeças apoiadas nas mesas, coçando a testa ou evitando o contato visual para não ser chamados – ou até mesmo agindo de outras maneiras quando não conseguem ter acesso às ideias matemáticas. Também já vimos os erros comuns que recorrem ano após ano quando os estudantes tentam, mas não conseguem, lembrar as regras aritméticas que lhes foram ensinadas.

Durante as duas últimas décadas, muitos de nós que estamos ensinando há muito tempo, sentimos a pressão real de deixar de lado o que sabemos que faz sentido para os alunos e, em vez disso, lhes ensinar os procedimentos que irão precisar para as provas. No processo, muitos professores acabaram perdendo o amor por ensinar. É hora de trazer de volta a alegria para a atividade de ensino e para dentro das salas de aula de matemática. As Conversas Numéricas podem ser um veículo maravilhoso para auxiliar a fazer isso.

Este livro visa a auxiliar aos professores a aprender a tornar as Conversas Numéricas importantes para seus alunos. É sobre colaborar com os estudantes para que aprendam a trabalhar flexivelmente com os números e as propriedades aritméticas e a desenvolver uma base sólida e disposições confiantes para a aprendizagem futura da matemática. E trata do empoderamento de professores e estudantes como pensadores matemáticos.

Mesmo aqueles que trabalham com as Conversas Numéricas há algum tempo têm muito a aprender sobre como fazer elas se somarem a algo importante – além da capacidade de saber que existem muitas maneiras de resolver um problema. Como ajudamos os estudantes a desenvolver flexibilidade e confiança trabalhando com números? Como podemos auxiliar cada estudante a desenvolver uma base sólida para a aprendizagem futura da matemática? Que perguntas fazemos para facilitar o entendimento de ideias matemáticas importantes por parte dos estudantes? Que decisões tomamos para estabelecer uma cultura de aprendizagem ideal em sala de aula? Como melhor promovemos um espírito investigativo e uma fome de conhecimento? Essas perguntas, e muitas mais, são as que trataremos juntos neste livro.

Entretanto, não oferecemos receitas passo a passo. As Conversas Numéricas, para que sejam significativas, terão que ser de natureza orgânica. Embora possamos fazer planos para cada Conversa Numérica escolhendo o problema cuidadosamente, a discussão sobre o problema – e o caminho que a discussão tomará – depende de como nossos alunos estão pensando.

Antes de começarmos a examinar as formas de desenvolver Conversas Numéricas nas salas de aula, examinamos por que essa mudança é necessária, para que você esteja preparado para conversas com seus colegas, administradores, pais e estudantes.

Por que as Conversas Numéricas são necessárias?

Muitos daqueles que já ensinaram matemática no ensino fundamental ou médio reconheceram a falta de profundidade nos conhecimentos de aritmética de seus alunos. Isso não é nenhuma novidade. Décadas de pesquisa mostraram que o currículo tradicional e os métodos pedagógicos nos Estados Unidos deixaram nossos estudantes com competências frágeis e compreensão superficial (HIEBERT, 1999). Cada professor rotineiramente vê estudantes dependentes de procedimentos mecânicos que são aplicados sem pensar. De maneira lamentável, exemplos como este são comuns:

$$\begin{array}{r} {}^{0}\cancel{X}'7 \\ -\ 9 \\ \hline 8 \end{array}$$

O trabalho aqui não está errado; o algoritmo está feito corretamente, e a resposta está certa. Porém, é um tanto inquietante que essa aluna tenha passado imediatamente para o algoritmo sem primeiro pensar sobre o problema. Se ela tivesse feito isso, teria percebido que seguir o algoritmo não a levaria a lugar algum.

Este é outro exemplo que comumente vemos no ensino fundamental:

$$\frac{1}{3} + \frac{1}{3} = \frac{2}{6} = \frac{1}{3}$$

Este aluno misturou as regras para adição de números naturais com regras para adição de frações. Porém, o mais preocupante é por que essa resposta não acionou um sinal de alerta de que alguma coisa estava errada? $\frac{1}{3} + \frac{1}{3} = \frac{1}{3}$ não faz sentido. Isso faz lembrar uma observação memorável:

> O que é deprimente em relação à aritmética mal ensinada é que ela destrói o intelecto de uma criança e, de certo modo, sua integridade. Antes de lhes ser ensinada aritmética, as crianças não darão sua aprovação para grandes disparates, depois, sim. (SAWYER, 1961).

O ensino da aritmética como um conjunto de regras e procedimentos a serem lembrados é o grande culpado aqui. Isso, no entanto, não é negar a importância dos algoritmos. Como Hyman Bass assinala, os algoritmos aritméticos são ferramentas notáveis, são confiáveis e eficientes e funcionam com todos os números. O problema é que sua própria compacidade "[...] esconde o significado e a complexidade dos passos envolvidos" (BASS, 2003, p. 323).

Considere, por exemplo, a explicação de um aluno para 63 - 27:

Você não pode tirar 7 de 3, então peça emprestado 1 do 6 e o transforme em 5.
Coloque o 1 ao lado do 3, transformando-o em 13.
Agora subtraia 7 de 13 para obter 6.
Depois subtraia 2 de 5 para obter 3.

$$\begin{array}{r} {}^{5}\cancel{6}{}^{1}3 \\ -\ 27 \\ \hline 36 \end{array}$$

CONVERSAS NUMÉRICAS

O algoritmo da subtração encobre o conceito do valor posicional em favor de eficiência. Os alunos podem chegar à resposta correta tratando os números como colunas de dígitos, desconsiderando seu *valor posicional*. E, com o valor dos dígitos até então em segundo plano, a relação entre as quantidades é perdida. O numeral 6 representa 60, mas os alunos não precisam saber disso para obter a resposta correta. E não podemos simplesmente "transformar o 6 em um 5". É ilusório deixar os alunos pensarem que podem *mudar* os números. Enquanto isso, a ideia de que 50 + 13 é igual a 63 não recebe a devida atenção.

E outra concepção errada surge aqui. Para ajudar os alunos a saber quando "pedir emprestado", frequentemente dizemos: "Você não pode tirar 7 de 3". Na verdade, você *pode* tirar 7 de 3, e a resposta, é claro, é – 4. Aprender algo no 2º ano e depois descobrir que isso não é verdade no 7º ano faz as regras matemáticas parecerem arbitrárias. Frequentemente ouvimos nossos alunos nos perguntarem: "É permitido fazer...?", como se os procedimentos matemáticos fossem uma questão de permissão.

A frágil compreensão que os estudantes têm da aritmética os acompanha até o fim do ensino fundamental, e na álgebra, quando então os danos são difíceis de ser reparados. E, ironicamente, o sucesso em álgebra (e além) depende da compreensão dos próprios conceitos que estão escondidos nos algoritmos. Os professores no ensino médio normalmente encontram estes tipos de erros:

$$(a+b)^2 = a^2 + b^2$$

$$\frac{x + \not{3}}{\not{3}} = x$$

Queremos ser bem claras aqui: os professores não podem ser responsabilizados por essa triste situação. A maioria de nós só sabe ensinar matemática da mesma forma como fomos ensinados. E mesmo quando tentamos mudar nossa prática, frequentemente nos damos conta de que estamos presos a um sistema cujas demandas são contrárias às mudanças que queríamos fazer.

As Standards for Mathematical Practice (Padrões para a Prática Matemática)[1] oferecem uma nova oportunidade. Com seu foco na "[...] atenção ao significado das quantidades, não apenas em como calculá-las; e em conhecer e usar de modo flexível as diferentes propriedades das operações e objetos" (SMP2)[2] (NATIONAL..., 2010), essas normas colocam a busca de sentido matemático direto no primeiro plano do ensino. E claro, os estudantes devem ser capazes de calcular flexível, eficiente e acuradamente. Entretanto, também precisam explicar seu raciocínio e determinar se as ideias que estão usando e os resultados a que estão chegando fazem sentido. Fundamentalmente, como Boaler (2008) assinala, nossos alunos também precisam passar a acreditar que isso é o que eles devem estar fazendo sempre na aula de matemática – porque é disso que se trata essa matéria.

Os estudantes *realmente* encontram sentido no cálculo durante as Conversas Numéricas. Por exemplo, estas são algumas das maneiras como eles resolveram 63 – 27 e como nós as registramos:

Tirei 30 de 63 e obtive 33. Depois acrescentei 3 de volta porque tirei demais. E 33 + 3 = 36.

$$63 - 27$$

$$63 - 30 = 33$$

$$+ 3$$

$$\overline{36}$$

Acrescentei 3 a 27 para obter 30 e depois acrescentei 3 a 63 e obtive 66. E 66 – 30 é 36.

$$63 - 27$$

$$27 + 3 = 30$$

$$63 + 3 = 66$$

$$66 - 30 = 36$$

Em contraste com os algoritmos tradicionais, as Conversas Numéricas dependem da busca de estratégias pessoais significativas para os estudantes. As Conversas Numéricas ajudam os estudantes a se tornarem pensadores confiantes mais efetivamente do que qualquer prática instrucional que jamais usamos. Há inúmeros estudantes que acham que não são bons em matemática porque não são rápidos em chegar às respostas certas. Com as Conversas Numéricas, eles começam a acreditar em si mesmos matematicamente. Eles tornam-se mais dispostos a perseverar quando resolvem problemas complexos e mais confiantes quando percebem que têm ideias que valem a pena ser ouvidas. E quando os estudantes se sentem assim, a cultura de uma classe pode ser transformada.

As Conversas Numéricas têm a ver com os estudantes e com suas formas de pensar. Muitos professores, no entanto, não sabem como trazer o pensamento do estudante para o primeiro plano em suas salas de aula. Este livro foi concebido para auxiliar você, professor, a aprender a aplicar as Conversas Numéricas de forma que permitam que você atinja esse objetivo.

Notas

1 N. de R.T. Os Padrões para a Prática Matemática descrevem várias habilidades que professores de matemática deveriam buscar desenvolver em seus alunos. Essas práticas estão vinculadas a "processos e competências" importantes, com longa tradição no ensino da matemática. A primeira delas é composta pelos padrões de processo do Conselho Nacional dos Professores de Matemática (NCTM, em inglês) para resolução de problemas, raciocínio e prova, comunicação, representação e conexões. A segunda consiste nos eixos de proficiência matemática especificados no relatório *Adding It Up*, do Conselho Nacional de Pesquisa dos Estados Unidos: raciocínio adaptativo, competência estratégica, entendimento conceitual (compreensão de conceitos, operações e relações matemáticos), fluência procedimental (habilidade para seguir procedimentos de maneira flexível, acurada, eficiente e apropriada) e disposição produtiva (inclinação habitual para ver a matemática como sensata, útil e que vale a pena, junto com uma crença na diligência e na própria eficácia). Todas as notas inseridas referentes aos Padrões para a Prática Matemática foram traduzidas de www.corestandards.org/Math/Practice.

2 N. de R.T. **SMP2: Raciocinar abstrata e quantitativamente** – Alunos proficientes em matemática dão sentido às quantidades e às relações entre elas em situações-problema. Usam duas habilidades complementares para lidar com problemas que envolvem relações quantitativas: a habilidade para descontextualizar – abstrair uma situação dada e representá-la simbolicamente, e manipular os símbolos representativos como se tivessem vida própria, sem necessariamente recorrer às suas referências – e a habilidade para contextualizar, fazer pausas quando necessário durante o processo de manipulação para conferir as referências dos símbolos envolvidos.

2 Dando início às Conversas Numéricas

Vamos começar! As dicas e orientações dadas aqui lhe auxiliarão com esta prática pedagógica gratificante, independentemente de você ser novo ou experiente com Conversas Numéricas. Nosso livro não tem sequências de problemas a serem seguidas. Em vez disso, apresenta exemplos de como e por que escolher problemas para que você possa adequar cada Conversa Numérica aos seus alunos. E, embora possa parecer que estamos sugerindo o mesmo tipo de problemas de forma repetida, na verdade, não estamos. Existe uma dança entre *apoiar* e *ampliar* a compreensão dos estudantes; sua coreografia está baseada no que você aprende sobre seus alunos cada vez que realiza uma Conversa Numérica. Esta se tornará sua própria avaliação formativa em ação!

A descrição a seguir é o mais próximo de uma receita que você irá encontrar neste livro. Cada passo na rotina tem uma justificativa. (Nota: A maioria dos professores propõe as Conversas Numéricas enquanto os alunos estão acomodados como de costume em suas mesas, a menos que a sala seja suficientemente grande para reuni-los em um semicírculo, em que podem deixar para trás os lápis e seja mais fácil manter o foco.)

1. **Os alunos guardam papéis e lápis (eles podem precisar ser lembrados disso) e colocam os punhos discretamente sobre o peito para mostrar ao professor que estão prontos.** Isso desvia a atenção dos alunos do trabalho em grupos e da escrita para pensarem por conta própria.
2. **O professor escreve um problema no quadro ou utilizam um *Datashow* para projetá-lo.** Geralmente escrevemos os problemas *horizontalmente* para desencorajar o uso do algoritmo.
3. **O professor observa enquanto os alunos resolvem o problema mentalmente e fazem um sinal de positivo com o polegar quando já tiveram tempo suficiente para pensar e chegar a um resultado.** Dar aos alunos o tempo que precisam é uma mensagem poderosa sobre matemática que desafia a ideia prevalente de que ser bom em matemática significa ser rápido. Além disso, a rapidez – ou não – com que os polegares são erguidos é uma boa indicação da dificuldade de um problema. Os alunos que têm um

tempo extra podem ser encorajados a resolver o problema de uma segunda e mesmo de uma terceira maneira, e indicam quantas soluções eles têm erguendo esse número de dedos silenciosamente, de forma a não interferir no pensamento dos outros.

4. **Quando a maioria dos polegares estiver erguida, o professor pergunta se todos estão dispostos a compartilhar o que pensam que seja a resposta. Concomitantemente, o professor registra** *apenas a resposta* **no quadro e pergunta se alguém chegou a uma resposta diferente, continuando a registrar cada resposta que for dada.** Os alunos não devem indicar de nenhuma maneira se concordam ou discordam de uma determinada resposta; votar em respostas não tem lugar no discurso matemático (veja também o Capítulo 10). Você descobrirá que algumas das Conversas Numéricas mais produtivas ocorrem quando os alunos sugeriram várias respostas diferentes.

5. **Quando o professor estiver satisfeito e não houver outras respostas, ele pergunta se alguém pode explicar como resolveu o problema.** Descrever os passos de um procedimento não é suficiente; os alunos precisam ser capazes de explicar *por que seu processo faz sentido*. Há diferentes formas de fazer essa pergunta (veja a seguir). Não há uma forma "correta", mas apresentamos aqui duas variações que nos vemos usando com frequência:
   - *Quem tem uma estratégia e está disposto a compartilhar?*
   - *Alguém está disposto a nos convencer de que sua resposta faz sentido, contando-nos o que fez?*

6. **Quando os voluntários começam a compartilhar suas estratégias, eles inicialmente identificam qual resposta (presumindo que foram dadas diferentes respostas) estão defendendo.** Então, enquanto compartilham suas estratégias, o professor registra o pensamento de cada um. (Há muitos exemplos de registros nos Capítulos 4 a 8.)

7. **Depois que um aluno compartilha uma estratégia, há várias perguntas que o professor pode fazer para trabalhar com o pensamento desse estudante.** Esta é a parte complicada e, mais uma vez, não existe uma resposta "certa". O objetivo geral é ajudar o aluno a se comunicar de forma mais clara e/ou enfatizar elementos particulares da sua estratégia.
   - *Alguém tem uma pergunta para _____?*
   - *Você pode dizer mais sobre _____?*
   - *Alguém pode explicar a estratégia de _____ com suas próprias palavras?*
   - *Que conexões vocês percebem entre as estratégias que discutimos?*

Como você pode ver, a "rotina" da Conversa Numérica é tudo menos uma rotina. Para ajudá-lo a pensar mais sobre como responder aos alunos durante uma discussão, gostamos particularmente da obra de Elham Kazemi e Allison Hintz (2014), *Intentional talk: how to structure and lead productive mathematical discussions*.

8. **As Conversas Numéricas não terminam naturalmente depois de 15 minutos; frequentemente, elas podem durar muito mais se você permitir – e algumas vezes você pode permitir.** De qualquer maneira, será útil pensar com antecedência sobre o que você poderia dizer para encerrar a Conversa Numérica caso ainda haja alunos que gostariam de compartilhar suas estratégias. Em geral, reconhecemos que sabemos que algumas pessoas ainda têm estratégias para compartilhar e demonstramos lamentar por não termos mais tempo, e esperamos que as pessoas que não tiveram a chance de compartilhar possam fazê-lo no dia seguinte.

Antes de iniciar

As Conversas Numéricas invertem os papéis dos alunos na classe de matemática. Agora eles devem descobrir algo, em vez de alguém lhes dizer quais são os passos a serem seguidos. Devem explicar o que *eles* pensam, em vez de esperar que lhes expliquemos. Eles também devem explicar o *porquê*, quando, no passado, saber *como* já era suficiente. O esperado é que testem novas ideias, com os erros sendo apenas outra parte do processo. Precisam acreditar que suas respostas erradas podem ser oportunidades, em vez de manchas em sua autoestima matemática. E a resposta já não é o que mais importa. Esta é uma grande mudança para os estudantes.

Contudo essa pode ser uma mudança ainda maior para nós, professores. Ajudar os alunos a desenvolver essas disposições significa que *nosso* papel também está invertido. Para aqueles de nós, a maioria, que aprendemos que a tarefa dos professores é explicar ideias com clareza, as Conversas Numéricas podem parecer muito desconfortáveis à primeira vista. Elas também podem parecer em discordância com o que provavelmente aprendemos que significa *ensinar*. Ensinar explicando faz parte do nosso DNA cultural, portanto, é natural nos questionarmos sobre como os alunos irão adotar novas estratégias se não lhes mostrarmos primeiro e explicarmos como elas funcionam. Poder acreditar que os alunos podem – por conta própria – descobrir maneiras matematicamente válidas de resolver problemas pode ser libertador e transformador para a prática de ensino.

Conversas Numéricas têm a ver com estudantes encontrando sentido em suas próprias ideias matemáticas. No momento em que começamos a explicar, subtraímos pequenas partes das suas ideias – e da sua autonomia como pensadores. Em essência, acabamos pensando por eles, roubando-lhes a emergente e com frequência frágil autoridade que têm sobre seu próprio raciocínio. Portanto, realmente precisamos romper com o hábito de *pensar pelos nossos alunos*, pelo menos durante esses 15 minutos.

Entretanto, isso está muito longe de dizer que as estratégias nos capítulos a seguir não significam ser *ensino* no sentido tradicional da palavra. Em vez de darmos aos alunos uma lista de estratégias a serem imitadas e praticadas, procuramos escolher problemas que se prestem a estratégias que emergem da compreensão matemática existente dos alunos e que se baseiam nela. Além disso, os alunos não precisam aprender todas as estratégias que veem. Só precisam ter métodos que façam sentido e funcionem de forma eficiente *para eles*, de modo que sejam capazes de raciocinar flexivelmente com os números.

Planejando a Conversa Numérica

Cada Conversa Numérica deve ter um propósito. Considerar onde seus alunos se encontram e quais estratégias eles usaram ou não lhe auxiliará a pensar sobre o que eles precisam e como podem abordar outro problema. Incluímos um modelo de planejamento para contribuir com a reflexão sobre o que fazer e por quê (veja o Apêndice A: Planejando uma Conversa Numérica).

Dando início: cartões de pontos

Independentemente do nível que você leciona, mesmo que seja para o ensino médio, os chamados cartões de pontos são uma ótima forma de iniciar seus alunos no caminho para o raciocínio matemático (veja o Apêndice C para uma seleção de problemas com cartões de pontos). Dizemos isso porque, por experiência, percebemos que, com cartões de pontos, os alunos só precisam descrever o que veem – e as pessoas têm muitas maneiras diferentes de ver! Os problemas aritméticos, por outro lado, tendem a apresentar uma carga emocional para muitos estudantes. Descobrimos que fazer várias conversas com pontos antes de introduzirmos as Conversas Numéricas (com números) ajuda a estabelecer as seguintes normas:

- Há muitas maneiras de ver ou resolver qualquer problema.
- Todos são responsáveis por comunicar seu pensamento claramente, para que os outros possam entendê-lo.
- Todos são responsáveis por tentar entender o pensamento das outras pessoas.

Para dar início à conversa com pontos, diga aos seus alunos que você vai lhes mostrar um cartão com algumas formas representadas nele: "Quero que vocês olhem para este cartão e, sem contar um a um, descubram quantos [neste caso, pontos] existem nele". Lembre-os de colocar os punhos em uma posição discreta sobre o peito e levantarem o polegar quando acharem que sabem quantos pontos há ali. Então mostre o cartão de pontos; você não precisa deixá-lo erguido por alguns segundos e depois escondê-lo. Apenas deixe-o erguido para que os alunos possam continuar olhando para ele.

Quando a maioria dos polegares estiver para cima, pergunte quem está disposto a erguer a mão e dizer quantos pontos existem ali. Reúna as respostas no quadro – sim, você poderá obter respostas diferentes, mesmo no ensino médio! Não escreva o nome do aluno ao lado da resposta e não dê nenhuma indicação se você acha que uma resposta está certa ou errada. Volte a checar: "Quem tem uma resposta diferente?" e espere. Depois que você tiver todas as respostas, pergunte quem está disposto a descrever como foi que viu.

A seguir, apresentamos a transcrição da primeira vez de uma Conversa Numérica (tanto para os alunos quanto para a professora) em uma aula de geometria do ensino médio. (Este é o cartão de pontos que o professor usou.)

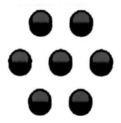

Prof.ª Phillips:	(Lembra os alunos para não darem a resposta em voz alta.) Muito bem, posso ver o polegar de quase todos. Alguém pode me dizer quantos pontos viu, levantando a mão?
Jorge:	Sete.
Prof.ª Phillips:	(Escreve 7 no quadro). Vocês obtiveram um número diferente? Algumas vezes vamos ter respostas diferentes aqui, então se vocês tiverem um número diferente, por favor, compartilhem.

CONVERSAS NUMÉRICAS

John:	Oito.
Prof.ª Phillips:	Então temos 7 e 8... algum outro? Agora alguém pode levantar a mão e compartilhar conosco como contou esses pontos? Megan?
Megan:	Eu vi um hexágono formado pelos pontos e então somei o que estava no meio.
Prof.ª Phillips:	Megan, primeiramente, conte-nos que resposta você está defendendo.
Megan:	Sete.
Prof.ª Phillips:	Muito bem, então você viu um hexágono. E quantos lados tem um hexágono?
Megan:	Seis.
Prof.ª Phillips:	Então, quantos pontos havia no hexágono?
Megan:	Seis, e depois eu somei o que está no meio.
Prof.ª Phillips:	Alguém viu isso de forma diferente? Harvey?
Harvey:	Eu fui de 2 em 2 pelo lado de fora. Quer dizer, eu contei de 2 em 2.
Prof.ª Phillips:	Qual é o lado de fora?
Harvey:	O lado de fora do hexágono.
Prof.ª Phillips:	Então, 2 aqui, 2 aqui e 2 aqui? E depois o do meio? Então como você somou isto na sua cabeça?
Harvey:	Eu fiz 2 vezes 3, que é igual a 6, mais um ponto no meio.

Neste ponto, a professora Phillips registra a maneira de ver de Megan e Harvey.

$$\text{Megan} \ \hexagon \ 6+1$$
$$\text{Harvey} \ \triangle \ 2 \times 3 + 1$$

Prof.ª Phillips:	(Volta-se para a turma). Vocês vêm como eles são semelhantes, mas um pouco diferentes?
Stephanie:	Megan usou o 6 de uma vez só, mas Harvey dividiu o 6 em seções.
Prof.ª Phillips:	Sim! Outra estratégia? Maria?

Maria:	Como tinha lados iguais, pensei nela como uma linha simétrica. Então 3 neste lado, 3 naquele lado...então 3 mais 3 é igual a 6, mais o 1 no meio é sete.
Prof.ª Phillips:	(Representa os pensamentos de Maria no quadro). É assim que você visualizou?
Maria:	Sim.
Prof.ª Phillips:	Onde você viu uma linha simétrica?
Maria:	No meio.
Prof.ª Phillips:	(Desenha com a mão uma linha de simetria vertical imaginária no hexágono). Assim?
Maria:	Sim.
Prof.ª Phillips:	Outra estratégia?
Brianna:	Eu somei as fileiras – ou colunas. Somei 2 mais 3 mais 2.
Prof.ª Phillips:	Quem consegue ver onde Brianna pode ter visto fileiras de 2 + 3 + 2?
Stephanie:	Bem no alto, depois no meio e então na parte de baixo.

Agora o quadro está assim:

Megan ⬡ 6+1   Maria ⟨·⟩ 3+3+1

Harvey △ 2×3+1   Brianna ⚌ 2+3+2

Prof.ª Phillips:	Está certo, Brianna? (Brianna concorda, acenando com a cabeça). Então Brianna viu fileiras. Alguém gostaria de defender o 8? (Ninguém se voluntaria). Como alguém *poderia* achar que havia 8 pontos, o que vocês acham?
John:	Eu vi dois paralelogramos, então 4 mais 4 é 8. Mas esqueci que contei o um do meio duas vezes.
Prof.ª Phillips:	É incrível como você se dispôs a compartilhar como pensou sobre sua resposta mesmo sabendo que ela estava errada! (Volta-se para a turma.) Muitas vezes quando cometemos erros, existe uma boa razão para isso, e pode ser divertido descobrir onde foi que erramos. Obrigada, John. Parece que havia outras maneiras de ver isso, mas estamos sem tempo hoje. Obrigada a todos por compartilharem.

Este exemplo mostra como uma conversa sobre pontos pode se desenvolver. No entanto, enquanto ensinava, a professora Phillips tentava equilibrar demandas concomitantes que eram invisíveis para nós enquanto "assistíamos" a Conversa Numérica. Ela estava prestando atenção a quem compartilhava, acompanhando cuidadosamente o pensamento dos alunos enquanto considerava como registrar cada maneira de ver, sondando para ver como os alunos conectavam o que "viam" com números (por exemplo, Harvey poderia estar multiplicando 2×3 ou somando $2 + 2 + 2$), esforçando-se para não assumir que sabia o que os alunos estavam vendo e pensando sobre as perguntas que poderia fazer para auxiliá-los a comunicar de forma clara. Provavelmente também estava tentando imaginar o que fazer com a resposta errada de John nessa primeira Conversa Numérica. Ao longo do caminho, havia muitas opções que ela poderia ter usado, nenhuma das quais era necessariamente a "certa". Esse é o desafio – e a alegria – de *ensinar ouvindo* os alunos.

Considerações para Conversas Numéricas de sucesso

Depois dos cartões de pontos, não há um lugar "certo" por onde começar as Conversas Numéricas. Cada professor tem diferentes razões para escolher uma operação, ou problema, em detrimento de outra. Então, apresentamos aqui alguns pontos para você refletir enquanto embarca nesta jornada, sempre que escolher começar:

1. **Sentir-se à vontade com um longo tempo de espera.** Não conseguimos enfatizar o suficiente o quanto é importante o tempo de espera. Os estudantes estão condicionados a esperar que os professores respondam suas próprias perguntas, portanto, eles têm muito mais prática nisso do que seus professores. Tentamos esperar um *mínimo* de 10 segundos (pratique contar até 10 lentamente – nós fizemos!). Pesquisas mostraram que há dois momentos diferentes em que você deve esperar: depois que você fez uma pergunta e então novamente depois que um aluno respondeu (ROWE, 1986). Cada vez que você pede que alguém compartilhe em uma Conversa Numérica, espere, espere e depois espere um pouco mais para dar aos alunos uma chance de organizar seus pensamentos e reunir coragem. E embora possa parecer que os alunos têm capacidade de esperar mais do que você, alguns deles ficarão mais desconfortáveis com o silêncio do que com o fato de compartilhar seu

pensamento. Algumas vezes eles até mesmo riem do embaraço do silêncio. Isso é uma coisa boa. Pode fazer com que sigam em frente. (Para saber mais sobre pesquisas que apoiam o tempo de espera, veja o estudo pioneiro de Mary Budd Rowe, de 1986, *Wait time: slowing down may be a way of speeding up.*)

2. **Praticar a pressão gradual.** Um de nossos princípios norteadores é que os professores façam perguntas que encorajem os alunos a explicar *por que* suas estratégias fazem sentido (veja o Capítulo 3). Esse tipo de questionamento é frequentemente denominado "pressão" por explicações conceituais (KAZEMI, 1998). Entretanto, os alunos não estão acostumados a ter um professor sondando seu pensamento e explicando de modo claro que esta é uma competência que se desenvolve com a prática. Descobrimos que pressionar demais quando estamos dando início a Conversas Numéricas pode ser contraproducente. Com tão pouca experiência, os alunos com frequência encontram dificuldade em traduzir seus pensamentos em palavras, e fazer pressão a cada passo de um procedimento pode levar tanto tempo que acabará paralisando a Conversa Numérica, não deixando tempo para outras estratégias. Outra consequência negativa pode ser que, até que o compartilhamento de ideias torne-se rotina em uma sala de aula, o pensamento de ser questionado tão detalhadamente pode ser intimidador e, assim, inibir a participação em aula. E se os alunos só conseguem pensar nos procedimentos que memorizaram, será melhor *não* se angustiar em saber sobre por que esses procedimentos funcionam. No Capítulo 10, compartilhamos mais ideias sobre como auxiliar os estudantes a mudar, deixando de lado o pensamento mecânico e pensando sobre o que faz sentido para *eles*.

Os cartões de pontos são uma exceção porque os alunos parecem ter prazer em explicar exatamente o que veem. Mas para alguns deles, a aritmética é emocionalmente carregada e, portanto, quando iniciamos Conversas Numéricas com números reais, recomendamos fazer um questionamento mais suave. Dizer apenas o que eles fizeram – uma explicação completamente procedural – ainda não é suficiente. Porém, nessas primeiras Conversas Numéricas, uma ou duas perguntas sobre por que seu procedimento funciona são suficientes (veja o Capítulo 5, para um exemplo da aula do Prof. Hoffman). A seguir, enquanto "explicar o porquê" está se tornando uma norma na classe, de maneira gradual, sondamos cada vez mais profundamente, ao mesmo tempo não perdendo de vista o objetivo de criar um ambiente em aula no qual os estudantes sejam capazes de encontrar um sentido, comunicar com precisão, construir argumentos viáveis e criticar o raciocínio dos outros – como as Standards for Mathematical Practices 1, 2, 3 e 6[1] (NATIONAL..., 2010).

3. **Pensar junto.** Quando você está recém começando a realizar Conversas Numéricas, é provável que, apesar de um longo tempo de espera, seus alunos tenham apenas uma maneira de resolver o problema. Isto já é esperado. A maioria dos estudantes teve pouca experiência em pensar com números, portanto, é natural que recorram ao que já sabem. E se acreditarem que só existe uma maneira certa de resolver um problema, poderão relutar em tentar algo novo. Se isso acontecer, você pode tentar, em vez de perguntar "Quem pensou nisto de forma diferente?", perguntar "De que outra forma poderíamos pensar sobre isto?".

A pergunta "De que outra forma poderíamos pensar sobre isto?" transforma a Conversa Numérica em um enigma para os alunos tentarem resolver. Gradualmente, ele irão perceber que podem encontrar sentido nos problemas do seu próprio jeito e acreditar que seu professor valoriza diferentes maneiras, além da maneira "certa".

4. **Aprender a ouvir.** Os alunos vão dizer coisas que farão você achar que sabe o que eles fizeram ou viram. Mas as Conversas Numéricas são uma chance para você praticar a curiosidade genuína sobre o que os alunos veem e fazer perguntas para se certificar de que entende o que estão dizendo. Esforce-se para não tirar conclusões apressadas sobre o que eles querem dizer ou colocar palavras em suas bocas. Quando as explicações dos alunos forem claras, nosso papel é registrar o que eles disseram ou fazer uma pergunta de sondagem para ajudar os demais a entenderem a estratégia.

5. **Realizar Conversas Numéricas regularmente.** Seus alunos desenvolverão suas próprias ideias matemáticas mais rapidamente se você se comprometer a realizar Conversas Numéricas todos os dias durante duas semanas, por exemplo, do que se você fizer as mesmas 10 Conversas Numéricas por um período de tempo mais longo. Para que contribuam para alguma coisa matematicamente importante, as Conversas Numéricas devem ser construídas umas sobre as outras. Mas quando elas estão espalhadas por uma ou mesmo duas vezes por semana, os estudantes em geral não conseguem se lembrar de ideias ou estratégias que já viram e, assim, são incapazes de experimentá-las.

6. **Encorajar a clareza da linguagem acadêmica enquanto os alunos estão compartilhando.** A falta de experiência dos alunos em se comunicar com clareza sobre matemática torna-se patente quando começam a compartilhar seu pensamento durante uma Conversa Numérica. Você

vai ouvir muitas explicações como: "Eu aumentei 4 mais 3", "Eu multipliquei 2 e 10", "Eu diminui 5 por 8" ou "Eu somei 6 por 7". Se os alunos estiverem pensando sobre matemática dessa maneira, não causa surpresa que tenham dificuldades quando se trata de problemas como os seguintes, extraídos de um livro típico de álgebra:

Um número é 10 vezes o outro. A soma de duas vezes o menor mais três vezes o maior é 55. Quais são os dois números?

ou

A soma dos dígitos de um determinado número de dois dígitos é 7. A inversão dos seus dígitos aumenta o número em 9 vezes. Qual é o número?

Descobrimos que o uso que os estudantes fazem da linguagem melhora gradualmente, com o tempo, por meio das Conversas Numéricas. Isso vale também para aqueles que estão aprendendo o idioma, por exemplo, nos Estados Unidos, alunos latinos que têm aulas em inglês. A participação nas discussões matemáticas, como as que ocorrem durante as Conversas Numéricas, onde as contribuições e interações genuínas dos alunos são integrais, revelou-se importante para o aprendizado da língua. O trabalho de Judit Moschkovich (1999) foi decisivo para contribuir com a nossa compreensão de como e por que as Conversas Numéricas são importantes para os aprendizes da língua inglesa. Inicialmente, o objetivo mais importante deve ser trazer as ideias dos alunos para o espaço de pensamento público e acompanhar cuidadosamente a linguagem que usam. A autora alerta contra algumas práticas populares na atualidade que parecem ser boas em teoria, mas que, na realidade, servem para limitar a aquisição da linguagem, tais como prestar mais atenção no vocabulário e pronúncia do que colocar em discussão as ideias dos alunos.

7. **Registrar o pensamento.** Registrar é uma forma de representar claramente para toda a classe como o aluno estava pensando. Também nos dá a chance de mostrar a notação correta e fazer perguntas enquanto isso. Por essas razões, não fazemos os alunos virem ao quadro para registrar suas estratégias. Também não recomendamos o uso de quadros individuais ou *iPads*, porque é muito mais provável que os alunos retrocedam para métodos mecânicos.

Não há uma "maneira correta" de registrar o pensamento dos estudantes. Um método pode ser registrado de várias maneiras, e a coisa mais importante a ser considerada é qual é a melhor forma de tornar claras as ideias do aluno para o restante da classe. Por vezes, descobrir isso poderá ser desafiador, e você poderá se atrapalhar. E com frequência há uma tensão entre registrar o que os alunos dizem e querer que eles reconheçam a notação matemática mais formal. Mas não tenha pressa em usar a notação algébrica. Os símbolos não têm significado inerente em si mesmos. Possuem significado somente quando os alunos compreendem as relações que eles representam, e você é a melhor pessoa para julgar quando conectar o que os alunos já entendem com a notação simbólica. Decidir o que escrever – e como escrever – é uma questão de julgamento e uma arte, e você vai melhorar com o tempo, assim como os alunos irão melhorar na expressão das suas ideias.

Os muitos exemplos de registros ao longo deste livro têm uma falta de consistência proposital. Algumas vezes, por exemplo, usamos $\times$ para representar multiplicação (para facilitar a abstração) e, outras, usamos outros símbolos; às vezes usamos parênteses e, outras, não. Fizemos isso para encorajá-lo a experimentar coisas diferentes – contanto que sejam matematicamente corretas, é claro – e encontre formas que sejam as melhores para seus alunos. Por fim, queremos que os alunos trabalhem flexivelmente, tanto com as ideias matemáticas quanto com suas representações simbólicas.

8. **Tentar fazer os alunos conversarem entre si sem recorrer a você.** Posicionar-se fisicamente na lateral da sala permite que você fique longe dos holofotes (mesmo que você esteja bem conectado ali como alguém que registra o pensamento dos alunos). Depois que um aluno explicar uma estratégia, espere um pouco para dar espaço para que outro fale (em vez de você). Se mãos forem erguidas, em vez de chamar esses alunos, deixe que a pessoa que está apresentando a ideia chame os colegas.

9. **Aproveitar ao máximo as múltiplas respostas.** Muitas respostas para o mesmo problema oferecem oportunidades maravilhosas de aprender. Quando há muitas respostas, algumas vezes nos pegamos dizendo: "Ótimo! Não estamos dizendo ótimo porque alguns de vocês deram respostas erradas. Estou dizendo que é ótimo porque agora vocês têm a chance de fazer o que os matemáticos frequentemente têm de fazer: convencer os céticos. E agora nós temos céticos na sala, então quem gostaria de nos convencer de que a sua resposta faz sentido?".

Mas e quanto às respostas erradas? Embora algumas respostas erradas tenham pequenos erros, como com o erro de John, outras possuem uma lógica que, se explorada, proporciona a todos a chance de aprender algo novo.

Aprender com uma resposta errada

A professora Yu apresentou o problema 28 × 12. Depois que algumas estratégias foram compartilhadas, Elisa levanta a mão.

Elisa:	Hum, eu fiz uma coisa diferente, mas cheguei à resposta errada e não sei o que eu fiz de errado.
Prof.ª Yu:	Ótimo! Então o que você obteve na primeira vez?
Elisa:	Hum, 132. Mas eu já sabia que estava errado porque olhando para aqueles números, não pode ser 132.
Prof.ª Yu:	Por que não pode ser 132?
Elisa:	Porque 12 vezes 12 é 144, e 12 vezes 28 tem que ser maior.
Prof.ª Yu:	Então você pode nos demonstrar como você fez?
Elisa:	Eu sabia que 7 vezes 4 é 28, então fiz 7 × 12 e depois 4 × 12. E depois somei os dois e obtive 132.

A professora Yu registrou assim a estratégia de Elisa. Você consegue descobrir o erro dela?

$$28 \times 12$$
$$(7 \times 4) \times 12$$
$$7 \times 12 = 84$$
$$4 \times 12 = 48$$
$$84 + 48 = 132$$

Prof.ª Yu:	Elisa usou este raciocínio muito bom para saber que sua resposta está errada. Alguém consegue descobrir o que Elisa fez e onde ela pode ter errado? Conversem com alguém ao seu lado sobre o que vocês acham que aconteceu.

Elisa havia pensado no problema como $(7 \times 4) \times 12$, mas usou a propriedade distributiva como se houvesse um sinal de adição em vez de um sinal de multiplicação entre 7 e 4. Este é um erro comum. Examinar o erro de Elisa deu a toda a turma a oportunidade de aprender – não só sobre as propriedades associativa e distributiva, mas também sobre o quanto os erros podem ser importantes e úteis.

10. **Ajudar os alunos a aprenderem a se expressar com mais clareza.** A maioria dos nossos alunos teve tão poucas experiências em se expressar com clareza que precisam de muita ajuda e prática. Mas se eles não forem capazes de expressar suas ideias dessa forma, seus colegas não conseguirão entendê-los, o que resulta em menos oportunidades para eles comentarem diretamente entre si. Descobrimos que as estratégias a seguir ajudam a facilitar a clara expressão dos alunos:
    - Encorajá-los a falar em voz suficientemente alta para que todos consigam ouvir.
    - Lembrá-los do porquê comunicar seu pensamento com clareza é tão importante.
    - Desencorajar (ou proibir) o uso de pronomes como ele ("Eu multipliquei ele por 5") e pressioná-los a esclarecer o que querem dizer quando se referem a ele. Cathy e seus colegas colocaram este sinal em suas salas de aula:

11. **Ter um plano de apoio preparado.** Se os alunos levarem muito tempo para erguer seus polegares, é possível que o problema que você escolheu seja muito difícil – ou fácil demais – para que eles queiram se engajar. Um de nossos colegas tem dois problemas de apoio prontos para que não seja pego de surpresa tentando inventar um novo problema rapidamente.

12. **Saber quando é possível compartilhar sua forma de pensar durante as Conversas Numéricas.** Há momentos em que seus alunos estão tão emperrados em uma forma de pensar que sentimos que precisamos fazer alguma coisa. Poderá haver um novo método que descobrimos ou uma estratégia que conhecemos e que é tanto eficiente quanto interessante matematicamente – uma estratégia que não estamos ouvindo de nossos alunos. Nessas circunstâncias, podemos dizer a eles que queremos compartilhar como pensamos sobre o problema ou que desejamos mostrar-lhes algo que já vimos outras crianças fazer. Mas nossos alunos são tão suscetíveis ao poder das nossas intervenções, e sua crença no próprio pensamento é tão frágil, que temos que ser muito, muito cuidadosos quando sugerimos coisas em classe.

    Depois que nossos alunos estiverem adorando as Conversas Numéricas – e eles irão adorar! – você se tornará parte da comunidade de aprendizagem. Não tem problema experimentar novas ideias e compartilhar suas descobertas com os alunos. Mas você deverá compartilhar honestamente com eles quando estiver confuso a respeito de uma ideia ou estratégia. Na verdade, acaba sendo um presente para os alunos quando você consegue fazer isso e serve como modelo para comportamentos que esperamos ver da parte deles. Quando você compartilha uma ideia ou estratégia, assegure-se de que está primeiro ouvindo os alunos, de que você se tornou uma autêntica parte da comunidade de aprendizagem e que não está expressando de forma alguma que você valoriza mais a sua estratégia do que a deles.

13. **"Empurrar" os alunos para irem além dos algoritmos tradicionais.** Estudantes do final do ensino fundamental e do ensino médio frequentemente chegam à aula de matemática com uma grande quantidade de procedimentos memorizados, mas pouca experiência em encontrar sentido nas operações. De fato, a maioria acaba acreditando que ser bom em matemática significa que você sabe somar, subtrair, multiplicar e dividir rapidamente *sem* pensar. Quando a aritmética é ensinada aos alunos por meio de procedimentos a serem seguidos, as relações matemáticas subjacentes em geral não são compreendidas. Assim, pedir-lhes de modo inesperado que entendam *por que*, quando antes disso sempre foi suficiente saber *como*, pode parecer desconcertante (veja o Capítulo 10 para mais ideias de como auxiliar os alunos a ir além do pensamento mecânico). Apresentamos, a seguir, um exemplo de como às vezes apresentamos Conversas Numéricas aos estudantes do ensino médio.

Sabemos que vocês aprenderam muitas maneiras de fazer cálculos durante anos, mas hoje iremos experimentar algo novo. Vamos lhes dar problemas que podem ter aprendido a resolver há muito tempo. Mas, dessa vez, queremos que tentem resolvê-los usando cálculos mentais de maneira que torne o problema mais fácil de ser resolvido.

Por favor, não se preocupe se você não internalizou todas essas sugestões quando começar as Conversas Numéricas. Logo que começamos, nós realmente não tínhamos ideia do que estávamos fazendo. Apenas sabíamos que nossos alunos tinham uma compreensão tão frágil dos números que precisávamos tentar alguma coisa nova. Você e seus alunos encontrarão seu caminho juntos. O mais importante é que você se comprometa a embarcar nessa jornada.

Nota

1 N. de R.T. **SMP1: Entender os problemas e perseverar na sua solução** – Alunos proficientes em matemática começam por explicar a si mesmos o significado de um problema e buscam pontos de entrada para uma solução. Analisam o que é dado em um problema, as limitações, as relações e as metas. Fazem conjecturas sobre a forma e o significado da solução e planejam um caminho para ela, em vez de simplesmente tentar resolver. Consideram problemas análogos e testam casos especiais e formas mais simples do problema original para aprofundar sua percepção de uma solução. Monitoram e avaliam o próprio progresso e mudam de rumo, se necessário. Alunos mais velhos, dependendo do contexto do problema, podem transformar expressões algébricas ou alterar a janela de sua calculadora gráfica para obter a informação de que precisam. Alunos proficientes em matemática podem explicar correspondências entre equações, descrições verbais, tabelas e gráficos, ou desenhar diagramas de relações e características importantes, dados gráficos, e procurar por regularidade ou tendências. Alunos mais jovens podem usar objetos ou imagens concretos para ajudar a conceituar e resolver um problema. Alunos proficientes em matemática verificam suas respostas com um método diferente e sempre se perguntam: "Isso faz sentido?". Eles podem entender as abordagens dos outros para resolver problemas complexos e conseguem identificar correspondências entre abordagens diferentes; **SMP2: Raciocinar abstrata e quantitativamente** (ver nota na página 11); **SMP3: Construir argumentos viáveis e ser capaz de interagir com o raciocínio dos outros** – Ao construir argumentos, alunos proficientes em matemática entendem e usam premissas e definições matemáticas e resultados previamente estabelecidos. Fazem conjecturas e constroem uma progressão lógica das afirmações para explorar a verdade de suas conjecturas. São capazes de analisar situações por meio da divisão delas em casos, e podem reconhecer e usar contraexemplos. Justificam suas conclusões, comunicam-nas aos outros e respondem aos argumentos dos outros; **SMP6: Cuidar da precisão** – Alunos proficientes em matemática tentar se comunicar com precisão. Tentam usar definições claras no próprio raciocínio e quando debatem com os outros. Explicam o significado dos símbolos que escolhem, inclusive usando o mesmo sinal de forma consistente e apropriada. São cuidadosos para especificar unidades de medida e para identificar eixos, esclarecendo a correspondência entre quantidades em um problema. Calculam acurada e eficientemente, expressam respostas numéricas com grau de precisão apropriado para o contexto do problema. No ensino fundamental, os alunos dão explicações cuidadosamente formuladas a seus colegas. Quando chegam ao ensino médio, já aprenderam a examinar afirmações e a fazer uso explícito de definições.

3 Princípios norteadores para adotar Conversas Numéricas em sala de aula

A experiência diária com Conversas Numéricas pode, com o tempo, contribuir para que os estudantes desenvolvam competência, flexibilidade e confiança como pensadores matemáticos. Entretanto, isso não acontece automaticamente. O poder das Conversas Numéricas emerge somente quando nossas práticas de ensino apoiam os alunos para encontrar sentido na matemática *por eles mesmos*. Há razões para intervir, ou não; razões para dar respostas, ou não; razões para sondar, ou não. Auxiliar os alunos a encontrar sentido nas ideias matemáticas por meio de Conversas Numéricas requer decisões pedagógicas intencionais e, ainda assim, podem ser contrárias ao que tradicionalmente consideramos *ensino*.

Neste capítulo, apresentamos alguns princípios para trabalhar com estudantes de todas as idades que norteiam nossa tomada de decisão quando implementamos Conversas Numéricas em nossas salas de aula. Pensamos neles como nossos *princípios norteadores para Conversas Numéricas*. (Somos gratas a Kathy Richardson, cujos princípios norteadores no *Mathematics model curriculum guide: kindergarten through grade eight*, no Departamento de Educação do Estado da Califórnia, inspiraram e fundamentaram nosso ensino por muitos anos [CALIFORNIA STATE DEPARTMENT OF EDUCATION, 1988]). Esperamos que esses princípios norteadores se tornem fundamentais para suas decisões de ensino quando você auxiliar os estudantes a desenvolverem compreensões poderosas e começarem a acreditar em si mesmos como pensadores matemáticos por meio do engajamento em Conversas Numéricas.

Princípios norteadores para Conversas Numéricas

1. Todos os alunos têm ideias matemáticas que valem a pena ser ouvidas, e o trabalho como professor é contribuir para que aprendam a desenvolver e a expressar essas ideias com clareza

Os alunos precisam de oportunidades para pensar e aprender a resolver problemas de forma que façam sentido para eles. Nas Conversas Numéricas, enquanto eles ouvem as estratégias dos outros, e enquanto procuram relações entre as diferentes soluções, sua compreensão matemática é aprofundada. É por meio da investigação das diversas maneiras de ver e resolver os problemas que desenvolvem uma compreensão robusta da matemática.

2. Por meio de nossas perguntas, procuramos entender o pensamento dos alunos

Nossas perguntas são importantes. Elas podem abrir o discurso matemático ou podem fechá-lo, afunilando o pensamento dos alunos em uma direção particular. Perguntas que encorajam o discurso expressam nossa curiosidade genuína sobre como os alunos estão pensando. Elas requerem que eles se articulem e se expressem e, desse modo, compreendam melhor as próprias ideias e as dos outros. Perguntas como "No que você estava pensando quando você...?" ou "Por que você dividiu por 10?" são frequentemente chamadas de perguntas *autênticas*. Embora possamos ter uma boa ideia de como eles estão pensando, *realmente* só saberemos quando perguntarmos. As perguntas autênticas mantêm o foco matemático onde é o seu lugar: no raciocínio dos estudantes – não no nosso.

Para manter as ideias dos alunos em primeiro plano, no entanto, precisamos ouvir atentamente o que eles estão dizendo. Ouvi-los atentamente – em vez de ouvir *o que* esperamos ouvir – é essencial para Conversas Numéricas produtivas. Ouvir permite que saibamos quais perguntas formular a seguir e que direções tomar com as ideias de um aluno.

No entanto, é muito mais fácil direcionar inconscientemente o pensamento dos alunos por meio de nossas perguntas – aquelas que terminam em "certo?" (p. ex., "Você retirou 30, então teve que colocar 2 de volta, certo?") são exemplos de explicações "disfarçadas" que tendem a substituir o pensamento deles pelos seus. É compreensível querer que os alunos expressem ideias da forma como as entendemos ou que sejam capazes de usar um método que achamos mais fácil. Entretanto, quando nosso objetivo é lhes ensinar que têm ideias matemáticas que valem a pena ser ouvidas, é importante que nossas perguntas foquem em auxiliá-los a encontrar sentido na matemática de sua própria maneira para que aprendam a expressar suas ideias com confiança e competência.

3. Encorajamos os alunos a explicar seu pensamento de modo conceitual, em vez de procedimental

Não é suficiente que os alunos saibam o que fizeram para resolver um problema. No mundo de hoje, saber o que fazer já não é mais suficiente. Nossos estudantes precisam entender e ser capazes de explicar *por que* seus procedimentos fazem sentido (veja Standards for Mathematical Practice 1 e 2[1]; NATIONAL..., 2010). Criar o hábito de fazer perguntas do tipo "Por que você...?" pode ajudá-los a se aprofundar mais em um problema para entender por que seus procedimentos ou estratégias irão ou não funcionar. Essas perguntas também abrirão o caminho para que comecem a fazer esses questionamentos a si mesmos e uns aos outros.

Quando os alunos são novos em Conversas Numéricas, descobrimos que a maioria deles usará apenas algoritmos tradicionais, porque isso é o que eles aprenderam. No entanto, quando tentam explicar sua estratégia, suas explicações são quase sempre procedimentais. E, embora ainda seja importante perguntar *Por quê?* nesses momentos, passar muito tempo sondando o significado dos procedimentos que os alunos simplesmente memorizaram pode ser contraproducente e desencorajador. Muitos deles não sabem por que os algoritmos funcionam – e nunca foi esperado que soubessem o porquê – portanto, é um pouco injusto perguntar. Não há nada de mais em reconhecer isso e sugerir que eles podem querer procurar formas mais eficientes de calcular mentalmente.

4. Os erros proporcionam oportunidades de examinar ideias que, de outra forma, não seriam consideradas

Os erros são necessários para a aprendizagem. Não é eficiente dizer que os erros são *comemorados.* O exame coletivo e a compreensão dos erros como parte rotineira do ensino em matemática pode modificar as visões errôneas dos alunos sobre a disciplina com a mera obtenção de respostas e ajudá-los a aprender a analisar a validade dos procedimentos. Muitos erros envolvem erros conceituais que, se examinados atentamente, focalizam a atenção dos alunos na estrutura dos problemas e nas propriedades que estão subjacentes às operações. E, dessa forma, podem ser situações valiosas para a aprendizagem (HIEBERT et al., 1997).

Como demonstraram pesquisas recentes sobre o cérebro, o exame dos erros dispara a formação de sinapses e o crescimento nos neurônios, o que causa o crescimento do cérebro. Em *Mindset: a nova psicologia do sucesso*, Carol Dweck (2006) aborda a importância de nutrir uma *mentalidade de crescimento* nos estudantes. Aqueles com uma mentalidade de crescimento encaram os erros como oportunidades de aprender algo novo, enquanto os que apresentam uma *mentalidade fixa* tendem a ver os erros como algo a ser evitado e ocultado. Os estudantes que veem os erros como uma parte importante da aprendizagem têm mais probabilidade de perseverar.

5. Embora a eficiência seja um objetivo, reconhecemos que a eficiência de uma estratégia reside no pensamento e no entendimento de cada aprendiz individualmente

Nenhuma estratégia será eficiente para um estudante que ainda não a entende. As Conversas Numéricas não têm a ver com fazer seus alunos pensarem como você, ou mesmo fazê-los entender de uma forma "melhor". Em vez disso, elas visam encorajá-los a pensar de forma que faça sentido para *eles*.

Às vezes não há problema, ou é até importante, dar ênfase sobre uma ideia eficiente e generalizável ou pedir que os alunos experimentem o método de outro colega, porém, é importante que façamos isso de modo que não lhes transmita que essa é uma estratégia que privilegiamos ou que esperamos que eles recordem. Do mesmo modo, pedir que os alunos julguem os métodos uns dos outros ou identifiquem aquelas estratégias que são mais eficientes também pode ser desencorajador – e até mesmo contraproducente – em especial para um aluno que acabou de experimentar uma nova ideia que pode não se revelar eficiente.

Não pretendemos sugerir que a eficiência não é importante. Associada à acurácia e à flexibilidade, ela é uma característica da fluência numérica. E é inegável que algumas estratégias são mais eficientes do que outras. (Veja os Capítulos 4 a 8 para formas de incentivar os estudantes na direção da maior flexibilidade e eficiência).

6. Procuramos criar um ambiente de aprendizagem onde todos os alunos se sentem seguros em compartilhar suas ideias matemáticas

Nem todos os alunos precisam – ou deve-se esperar que – conversar em todos os contextos. Nosso objetivo é contribuir para que todos os alunos se sintam suficientemente seguros durante as Conversas Numéricas, estando dispostos a compartilhar suas formas de ver e resolver os problemas. Entretanto, há muitas razões por que podem não querer fazer isso durante a discussão em sala de aula: falta de confiança em sua habilidade verbal ou em seu raciocínio matemático, ou mesmo por timidez. Se desejarmos um ambiente de aprendizagem seguro, onde os estudantes sintam-se à vontade para testar suas ideias matemáticas, eles devem estar no controle da decisão de compartilhar (e de quando compartilhar) uma ideia publicamente.

Temos consciência de que esse princípio vai contra as práticas atuais de responsabilização individual, como *equity sticks* ou *cold-calling* (ferramentas para proporcionar sorteios aleatórios de alunos para que respondam perguntas na sala de aula). Pesquisadores em psicologia descobriram que o estresse interfere no desempenho em tarefas de solução de problemas em matemática, reduzindo a capacidade da memória operacional (BEILOCK, 2011). Saber que devem estar prontos para falar a qualquer momento, queiram eles ou não, pode interferir na aprendizagem dos estudantes. Assim, precisamos intencionalmente encontrar formas de encorajar todos a compartilharem seu pensamento, sem deixá-los embaraçados ou pressioná-los. Nossa função é fazer das Conversas Numéricas um lugar seguro para os alunos experimentarem novas ideias e compartilharem seu pensamento quando se sentirem prontos para isso.

7. Um dos nossos objetivos mais importantes é ajudar os alunos a desenvolver agência social e matemática

Estudantes com um senso de agência[2] reconhecem que são parte importante de uma comunidade intelectual na sala de aula; que têm ideias cuja contribuição vale a pena e que aprendem a partir da consideração e do desenvolvimento das ideias de outros. Eles sabem que têm escolhas e assumem a responsabilidade pelas escolhas que fazem. Têm uma disposição para agir como um aprendiz: podem defender suas ideias quando solicitados e as mudam somente quando forem convencidos pela razão. Quando se trata de matemática, sua identidade é a de um pensador matemático. Perseveram na solução de problemas e não ficam satisfeitos até que alguma coisa faça sentido. Voltam o olhar para a razoabilidade da matemática, e não para o professor ou os outros, para determinar se a ideia é sólida.

Para facilitar o desenvolvimento de um senso de participação dos estudantes, é preciso aprender a tomar decisões que nos ajudem a sair do foco das atenções, compartilhando com os alunos a autoridade pelo discurso da sala de aula. Isso também significa reconhecer e encorajar qualquer sinal de ação nos alunos quando ela surgir – por exemplo, na primeira vez que um aluno responder diretamente para outro durante uma discussão matemática. E, como o elogio tende a manter os alunos dependentes de nós, precisamos ser extremamente cuidadosos em relação a como e ao que elogiar.

8. A compreensão matemática se desenvolve com o tempo

Encontrar muitas vezes uma ideia matemática em uma variedade de contextos é necessário para a verdadeira compreensão. Os alunos chegam até nós com noções bem desenvolvidas sobre o que significa fazer cálculos, e a maioria raramente foi solicitada a encontrar sentido nos números do seu próprio jeito. As Conversas Numéricas com frequência desvendam uma falta de conhecimento fundamental, que ficou escondida pela prática dos procedimentos, portanto, os estudantes precisam de muito tempo para reconstruir o que perderam. Eles podem precisar testar uma ideia matemática muitas vezes antes de serem capazes de aplicar e explicar a ideia fluentemente, ou podem precisar experimentar uma ideia que ouviram de outra pessoa várias vezes antes de terem sua própria ideia.

Pelas mesmas razões, para alguns alunos, pode levar algum tempo antes que consigam ver o valor das Conversas Numéricas. Alguns deles precisarão aprender o valor do processo antes de realmente investirem no pensamento requerido pelas Conversas Numéricas. Embora saibamos que esse não é um entendimento *matemático*, ele envolve crenças e atitudes sobre o que é matemática e como os estudantes veem seu papel em suas classes de matemática. Para estudantes mais velhos, essas crenças se desenvolveram por um longo período de tempo, portanto, como professores, precisamos ter fé no processo e perseverança em face do desânimo periódico.

9. Confusão e dificuldades são partes naturais, necessárias e até mesmo desejáveis da aprendizagem da matemática

Precisamos ser cuidadosos para não dissipar a confusão prematuramente – o processo de estar em dissonância cognitiva ou de não saber. Em vez de evitá-la, professores e alunos podem aprender a aceitar a confusão, sabendo que este pode ser o começo de novos conhecimentos. Quando os professores são muito rápidos em dissipar a dissonância cognitiva dos alunos, estes perdem a chance de ter dificuldade com as ideias – uma necessidade na aprendizagem da matemática. Isso pode significar redefinirmos para nós mesmos o que significa auxiliar os alunos. Em vez de protegê-los da confusão, precisamos contribuir com eles, encorajando sua perseverança e sua disposição para enfrentar dificuldades. No entanto, nem toda a confusão é boa. Precisamos esclarecer a confusão se apresentamos mal um problema ou se os alunos não possuem as informações de que precisam. Quando a confusão envolve relações matemáticas, ou o que Piaget chama de conhecimento lógico-matemático (LABINOWICZ, 1980), precisamos auxiliar os alunos a aprenderem a ter reconhecimento pelas dificuldades enquanto se esforçam para resolver um problema ou encontram sentido em uma ideia matemática. De forma ideal, queremos que eles aprendam a aceitar a confusão, ou o desequilíbrio, reconhecendo que esta é uma indicação de que provavelmente estão no limiar de aprender algo novo.

Entretanto, é desconfortável e muito difícil não auxiliar os alunos quando estão confusos. Como professores, fomos ensinados a assessorá-los, explicando os procedimentos com clareza, portanto, a ideia de deixar que eles enfrentem a incerteza vai contra o que a maioria de nós aprendeu que significa ensinar. E os alunos ficaram tão acostumados com esse tipo de auxílio que com frequência desistem ou não se preocupam em entender as coisas; em vez disso, simplesmente esperam que sejam socorridos.

Isso foi claramente evidenciado por Stacey, uma professora de álgebra 2 do ensino médio, quando perguntou aos seus alunos: "Como vocês se sentem quando tentam resolver um problema que nunca viram antes?". As seguintes citações são típicas das respostas de seus alunos:

Jamie:	Muito insegura, porque acho que poderia estar usando o tipo errado de equação ou forma de resolvê-lo.
Alex:	Quando vejo um problema que não conheço, não tento resolver, porque quero primeiro ver um exemplo dele antes de tentar, pois não quero errar.
Alicia:	Tenho vontade de desistir quando ainda não sei como resolvê-lo, porque dependo do meu professor para explicá-lo.

Todos nós já vimos alunos que desistiram da matemática e outros que pedem que lhes digamos o que fazer. Temos que lembrar, no entanto, que esse é o comportamento aprendido. Para ter sucesso na vida, os alunos precisam estar dispostos a abordar problemas que nunca viram antes. E isso exigirá trabalho de nossa parte, e sentimentos de sucesso por parte deles, para que construam novas crenças sobre eles mesmos e sobre a matemática.

10. Valorizamos e encorajamos uma diversidade de ideias

Por meio das Conversas Numéricas, os alunos desenvolvem uma disposição para ouvir e desenvolver as ideias dos seus colegas e professores. Os alunos precisam trabalhar com números de modo flexível, eficiente e acurado – e compreender as formas variadas pelas quais os problemas podem ser resolvidos é essencial tanto para os alunos quanto para os professores.

Eles precisam saber que não importa qual seja o problema, nem todas as pessoas o veem ou resolvem da mesma maneira. E queremos que aprendam que, quando ouvem e se baseiam nas ideias uns dos outros e procuram relações entre nossas diversas maneiras de ver, todos aprendem em mais profundidade e entendem mais claramente. Como Ruth disse em muitas ocasiões: "Acredito que meu trabalho não é ensinar meus alunos a ver o que eu vejo. Meu trabalho é ensiná-los a ver".

Esperamos que esses princípios norteadores para Conversas Numéricas lhe auxiliem na tomada de decisões a cada momento enquanto você realizar Conversas Numéricas em sua sala de aula. Sabemos, por experiência, que a recompensa será grande. Quando os alunos aprendem juntos que há múltiplas maneiras de resolver problemas, e quando compreendem que podem encontrar sentido na matemática da sua própria maneira, o discurso matemático na sala de aula é aprimorado. Os alunos se veem usando regularmente as Standards for Mathematical Practice: aprendendo a raciocinar matematicamente, apresentando argumentos matematicamente convincentes e criticando o raciocínio dos outros (NATIONAL..., 2010). Percebem que a dissonância cognitiva é uma coisa boa. E, acima de tudo, percebem que a matemática faz sentido e que eles têm ideias matemáticas que valem a pena ser ouvidas.

Notas

1 N. de R.T. **SMP1: Entender os problemas e perseverar na sua solução** (ver nota na página 27); **SMP2: Raciocinar abstrata e quantitativamente** (ver nota na página 11).

2 N. de R.T. Albert Bandura, ao propor a teoria social cognitiva, afirmou que todos os indivíduos têm uma característica única: a agência humana. A agência humana consiste no gerenciamento que cada indivíduo faz acerca de suas ações – cada um pode fazer, por meio de seus atos, as coisas acontecerem a partir de um envolvimento proativo em seu próprio desenvolvimento. Essa agência humana pode ser individual, coletiva ou delegada (BANDURA, 2008).

Preâmbulo para as operações

Concentrar-se em uma operação aritmética de cada vez proporciona aos alunos muitas oportunidades de experimentar estratégias que não haviam visto antes e pensar de forma profunda e flexível sobre a operação. No entanto, só você pode decidir qual operação é o ponto de partida mais apropriado para seus alunos. Assim, os Capítulos 4 a 7 podem ser utilizados em qualquer ordem. Eles têm a mesma estrutura geral, que tornará este livro fácil de usar, independentemente de por onde você escolher iniciar. Também incluímos aqui três tipos de Conversas Numéricas que não se enquadram em um capítulo específico; em vez disso, contribuem para que os alunos usem várias estratégias em todas as operações com facilidade. Por último, temos uma observação especial para aqueles que lecionam no ensino médio.

Como os capítulos estão organizados

Para cada operação:

- destacamos e nomeamos informalmente quatro ou cinco das estratégias mais eficientes;
- discutimos como cada estratégia funciona e como ela apoia a compreensão matemática;
- exemplificamos como um aluno pode descrever a estratégia;
- providenciamos exemplos de como você pode fazer o registro do pensamento dos alunos;
- listamos alguns exemplos por onde você pode começar, juntamente com sugestões sobre como encorajar o uso da estratégia por parte dos alunos;
- oferecemos ideias para problemas cada vez mais desafiadores, incluindo frações, decimais e números inteiros;
- incluímos, de tempos em tempos, vinhetas de interações reais em sala de aula para lhe proporcionar uma noção melhor de como uma Conversa Numérica se desenvolve.

Queremos enfatizar que as estratégias não são uma lista de "itens para ensinar" – as incluímos para auxiliá-lo a antecipar os tipos de estratégias que os alunos utilizam com frequência. Além disso, eles também apresentam dificuldades para explicar o que fizeram, portanto, quanto mais formas você tiver em mente, mais fácil será capaz de fazer perguntas para colaborar para que consigam articular seu pensamento claramente.

E não se esqueça de que não é importante que cada aluno use todas as estratégias! O importante é que tenham pelo menos uma que entendam e lhes faça sentido. Embora seja verdade que ter uma variedade de estratégias pode auxiliar os alunos a raciocinar de forma mais flexível com números, aqueles que precisam usar estratégias que não entendem podem também fazer uso dos algoritmos tradicionais. Dito isso, há momentos em que esperamos que os alunos experimentem um novo método, e podemos incentivá-los em uma direção particular. No entanto, independentemente do quão cuidadoso você possa ser ao escolher um problema que acha que certamente provocará uma estratégia particular, existe a possibilidade de que ninguém pense em usá-la. Não se preocupe – isso significa que os alunos não estão prontos para usar essa estratégia... ainda.

Três noções básicas para Conversas Numéricas

Três casos especiais de operações aritméticas, que denominamos "noções básicas", podem ser intercalados em suas Conversas Numéricas usuais e podem contribuir para que os alunos raciocinem de modo mais fácil com números em todas as operações. Para cada um, usaremos o número 36 como exemplo. Como com todas as Conversas Numéricas, em cada um desses casos, o questionamento do professor é importante para desenvolver o raciocínio de um aluno.

1. Duplicar um número (um caso especial de adição ou multiplicação)

Os últimos anos do ensino fundamental são a época em que os estudantes fazem a transição do pensamento aditivo para o multiplicativo. Quando duplicam, frequentemente utilizam ambos, portanto, é bom estabelecer conexões explícitas entre eles.

Para começar, diga aos alunos que você vai escrever um número no quadro e quer que eles o dupliquem. Escreva *Duplicar 36* no quadro. Quando a maioria dos polegares estiver erguida, prossiga com a estrutura da Conversa Numérica: coletando as respostas, pedindo explicações, etc. As formas como seus alunos podem pensar sobre isso incluem:

> "Somei 30 mais 30 e obtive 60, depois somei 6 mais 6 e obtive 12. Sessenta mais 12 é 72."
> "Multipliquei duas vezes 30 e obtive 60; depois multipliquei 2 vezes 6 e obtive 12. Sessenta mais 12 é 72."
> "Dupliquei 35 em vez disso, por que sabia que 2 vezes 35 é setenta. E depois só acrescentei mais 2 para obter 72."
> "Eu sabia que 4 vezes 9 é 36, então só fiz 8 vezes 9 e obtive 72."

Não se surpreenda se alguns alunos não souberem o que significa duplicar um número.

2. Reduzir um número pela metade (caso especial de divisão)

Diga aos alunos que você vai escrever um número no quadro e quer que eles lhe indiquem com seus polegares quando souberem qual é a metade do número. Escreva 36 no quadro e prossiga como fez com a duplicação. As formas como seus alunos podem pensar sobre isso incluem:

> "Eu sabia que 15 mais 15 é 30, então a metade de 30 é 15. E depois 3 mais 3 é 6, portanto, 15 mais 3 é 18."
> "Eu dividi 30 por 2 e obtive 15, depois dividi 6 por 2 e obtive 3. Então 15 mais 3 é igual a 18."
> "Eu sabia que 18 mais 18 é igual a 36."

Não tenha pressa em usar números grandes. É importante que os alunos se tornem fluentes na divisão de números de um dígito e números até 20 antes de se depararem com números maiores.

3. Arredondar um número à maior potência de 10 seguinte

Diga aos alunos que você vai escrever um número no quadro e quer que indiquem quando souberem o que adicionar para obter cem (ou mil, etc.). Escreva 36 no quadro. As formas como seus alunos podem pensar sobre isso incluem:

> "Adicionei 4 para chegar a 40 e depois 60 para chegar a 100. Portanto, o total é 64."
> "Adicionei 60 a 36 e obtive 96, e depois só precisei de mais 4 para chegar a 100."
> "Pensei em 100 como 90 mais 10. Então eu sabia que 30 mais 60 é 90, e 4 mais 6 é 10, então eu preciso de 64."

Quando tivemos Conversas Numéricas com os alunos sobre arredondar um número à maior potência de 10 seguinte, como a aqui apresentada, nem mesmo fizemos um registro das suas ideias. Não tínhamos certeza se aquela era uma boa ideia ou não, mas nossa ênfase era colaborar para que aprendessem a começar a conversar sobre números e a pensar com facilidade. Realizamos várias Conversas Numéricas sucessivas, e foram necessários apenas alguns minutos de prática para que os polegares começassem a ser erguidos rapidamente. Se os alunos praticarem Conversas Numéricas com frequência suficiente, serão capazes de arredondar qualquer número, independentemente do quanto ele seja grande ou pequeno, à próxima potência de 10, muito confortavelmente.

Aritmética no ensino médio?

Muitos professores no ensino médio – e possivelmente seus alunos – preocupam-se quando as Conversas Numéricas parecem não estar tratando do chamado conteúdo do ensino médio. Aprendemos a não nos preocupar com isso, mesmo sabendo muito bem que, de qualquer maneira, não há tempo suficiente para ensinar tudo em nossos cursos.

Isso se dá porque a habilidade dos estudantes de raciocinar com números é o alicerce da sua compreensão de álgebra e, portanto, está no currículo de todos. As Conversas Numéricas oferecem aos seus alunos a oportunidade de comunicar e justificar seu pensamento – uma prática matemática inquietante que eles precisam experimentar.

Há muita aritmética com números racionais que surge durante a álgebra, geometria, etc., e toda a vez que houver números envolvidos em uma fórmula, expressão ou equação, existe uma oportunidade de realizar uma Conversa Numérica que se encaixe em seu currículo. No entanto, é importante estar alerta para quando surgirem essas oportunidades. A geometria, em particular, tem grande potencial, devido às muitas formas de se abordar cada problema:

- encontrar o volume de um prisma;
- encontrar o perímetro de figuras irregulares;
- descobrir o raio de um círculo quando é dado o diâmetro, ou vice-versa;
- encontrar a medida de ângulos complementares e suplementares;

- descobrir a medida do terceiro ângulo de um triângulo quando são dadas as medidas de dois ângulos;
- descobrir a área de um setor de um círculo quando são dadas a medida do ângulo central do setor e a área do círculo;
- encontrar a área de um retângulo, paralelogramo ou triângulo quando são dadas a base e a altura;
- aproximar a área de um círculo quando é dado o raio;
- encontrar a medida de um ângulo em graus quando é dada sua medida em radianos – por exemplo, $13\pi/8$.

Temos certeza de que você pensará em outras maneiras de construir Conversas Numéricas em suas classes de matemática no ensino médio!

A subtração em todos os anos

4

Optamos por focar primeiro na subtração por algumas razões. Ela é uma operação apropriada para começar quando apresentamos estudantes mais velhos às Conversas Numéricas. Os alunos dos anos finais do ensino fundamental e do ensino médio acham que problemas de adição são fáceis demais. Além disso, em geral consideram a subtração desafiadora (mesmo que seja ensinada todos os anos a partir do 1º ano) e ficam felizes em ver que são capazes de resolver problemas de subtração de modos que façam sentido para eles.

Existem dois significados principais de subtração: subtração é retirar (remover) e é a diferença, ou distância, entre dois números. Entretanto, na época em que chegam ao 4º ano, os alunos geralmente pensam na subtração como *retirar*. Entender a subtração como distância é frequentemente negligenciado, apesar da sua importância. Em álgebra, geometria e cálculo, os alunos usam fórmulas – para a inclinação de uma reta, distância entre pontos ou para encontrar a área abaixo de uma curva – nas quais a subtração indica o comprimento do segmento de reta. (Para uma discussão mais detalhada da importância e dos usos da subtração como distância na matemática superior, veja Harris (2011)). Assim, neste capítulo, focamos em como contribuir para que os alunos desenvolvam um entendimento intuitivo da subtração como distância. Depois que eles experimentarem esses conceitos por meio das Conversas Numéricas, terão uma base sólida para a matemática que têm pela frente.

Usamos o problema 63 – 28 como exemplo para demonstrar cinco estratégias de subtração que funcionam eficientemente ao longo do *continuum* dos números racionais – isto é, desde números inteiros até frações, decimais e porcentagens. Mesmo que algumas dessas estratégias possam ser novas para você, resista à tentação de *ensiná-las*, porque os alunos com frequência as inventam por conta própria.

> **Uma observação sobre os registros: a reta numérica aberta**
>
> Conforme você verá, frequentemente usamos uma *reta numérica aberta* como estratégia de registro durante as Conversas Numéricas para proporcionar aos alunos um modelo visual para seu pensamento.
>
> As retas numéricas abertas não têm escala e, portanto, não pretendem ser medidas acuradas das unidades. Em vez disso, os "saltos" podem ser aproximadamente proporcionais. Uma coisa boa sobre elas é que permitem números muito grandes ou pequenos sem ter que se preocupar com unidades individuais.

Cinco estratégias para subtração

Minuendo – Subtraendo = Diferença

$$63 - 28$$

1. Arredondar o subtraendo até um múltiplo de 10 e ajustar

"Arredondei 28 para 30. Depois subtraí 30 de 63 e obtive 33. Então somei 2 de volta porque eu havia retirado 2 a mais."

$$63 - 28$$

$$63 - 30 = 33$$
$$+ 2$$
$$\overline{35}$$

2. Decompor o subtraendo

"Primeiro eu tirei 20 de 63, e restou 43. Então, vi o 8 em 28 como um 3 mais 5; primeiro tirei o 3 de 43 e ficou 40; depois tirei 5 e restou 35."

$$63 - 28$$
$$63 - 20 = 43$$
$$- 3$$
$$\overline{40}$$
$$- 5$$
$$\overline{35}$$

3. Em vez disso, somar

Há várias maneiras pelas quais um estudante pode partir de 28 para chegar a 63 somando.

1ª maneira – primeiro, chegar até um múltiplo de 10: "Comecei com 28 e acrescentei 2 para obter 30; depois acrescentei 33 e obtive 63. Então, ao todo, acrescentei 2 e 33, ou 35".

$$63 - 28$$
$$28 + 2 = 30$$
$$+ 33$$
$$\overline{63}$$

ou

$$63 - 28$$

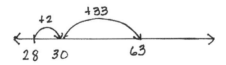

2ª maneira – primeiro, chegar até um múltiplo de 10 e então adicionar um múltiplo de 10: "Comecei com 28 e acrescentei 2 para obter 30. Depois acrescentei 30 para obter 60 e então acrescentei 3 para obter 63. Somei 2 mais 30 mais 3 para chegar a 35 como minha resposta".

$$63 - 28$$

$$28 \; \widehat{(+2)} = 30$$
$$\widehat{(+30)}$$
$$60 \; \widehat{(+3)} = 63$$

$$2 + 30 + 3 = 35$$

ou

$$63 - 28$$

3ª maneira – primeiro, adicionar um múltiplo de 10: "Comecei com 28 e pulei 30 para obter 58. Depois pulei mais 2 para chegar a 60 e mais 3 para chegar a 63. Ao todo, pulei 35".

$$63 - 28$$

$$28 \; \widehat{(+30)} = 58$$
$$\widehat{(+2)}$$
$$60 \; \widehat{(+3)} = 63$$

$$30 + 2 + 3 = 35$$

ou

$$63 - 28$$

4. A mesma diferença

"Acrescentei 2 a 28 e obtive 30; depois acrescentei 2 a 63 e obtive 65. E 65 menos 30 é 35."

$$+2 \left(\begin{array}{c} 63 - 28 \\ 65 - 30 \end{array} \right) +2$$

$$35$$

ou

$$63 - 28$$
$$65 - 30 = 35$$

5. Separar por posição

"60 menos 20 é 40; 3 menos 8 é 5 negativo; 40 menos 5 é 35."

$$\begin{array}{r} 60+3 \\ - \ 20+8 \end{array}$$
$$(60-20)+(3-8)=40+(-5)$$
$$=40-5=35$$

▌Desenvolvendo as estratégias de subtração em profundidade

1. Arredondar o subtraendo até um múltiplo de 10

Arredondar o subtraendo pode ser útil para o significado da subtração de remoção ou "retirada". Para encorajar o uso dessa estratégia, intencionalmente escolhemos problemas com um subtraendo (o número que é retirado) que esteja próximo a um múltiplo de 10, 100, etc., para que ele "peça" para ser arredondado. Retirar um múltiplo de 10 e depois compensar/ajustar torna a subtração mais fácil, ainda mantendo o sentido de quantidade. Essa estratégia é particularmente útil quando os estudantes persistem no algoritmo tradicional e precisam ser persuadidos a experimentar algo mais fácil.

Como escolher problemas que convidam os alunos a arredondar o subtraendo

Em geral, começamos com alguns problemas que subtraem os números 8 e 9 de um número de dois dígitos, como:

$$13 - 9 \qquad 24 - 8 \qquad 61 - 8 \qquad 43 - 9$$

Às vezes, descobrimos que os alunos usam essa estratégia mais prontamente para subtraendos de dois dígitos que estão mais próximos de um múltiplo de 10, como:

$$63 - 28 \qquad 71 - 39 \qquad 84 - 59 \qquad 42 - 19 \qquad 50 - 28$$

Então, com um número de três dígitos menos um número de dois dígitos, procuramos números de dois dígitos que estejam próximos de 100 para que a estratégia torne o problema mais fácil e mais eficiente:

$$134 - 99 \qquad 247 - 98 \qquad 315 - 97 \qquad 468 - 99$$

Gradualmente, você pode ir cada vez mais afastando o subtraendo de um determinado múltiplo, por exemplo, 54 - 28 ou 81 - 17. O tipo de problema que você escolhe vai depender da maturidade cognitiva e/ou da experiência dos seus alunos.

Perguntas úteis para a estratégia de arredondar o subtraendo

- Por que você retirou [200] em vez de [198]?
- Você retirou a mais ou a menos?
- Por que você somou [2] duas vezes?

Esta última pergunta, "Por que você somou duas vezes?", pode revelar pontos fracos no pensamento de um aluno. Considere este exemplo de uma sala de aula de 5º ano:

CONVERSAS NUMÉRICAS

A professora Young escreve no quadro o problema 43 - 28 e espera que os alunos levantem os polegares indicando que já encontraram a resposta.

Prof.ª Young:	Alguém gostaria de compartilhar a resposta que encontrou?
Tim:	15.
Prof.ª Young:	Alguém encontrou uma resposta diferente e deseja compartilhar?
Jennifer:	Eu encontrei 11.
Prof.ª Young:	Alguém tem uma resposta diferente? (Ninguém tem.)
Prof.ª Young:	Alguém gostaria de tentar nos convencer de que tem uma resposta que faz sentido?
Jason:	Estou defendendo 15. Era difícil pensar em 28, então tirei 30 de 43 e isso me deu 13. Mas eu retirei demais, então adicionei 2 de volta e obtive 15.
Prof.ª Young:	Por que você adicionou 2?
Jason:	Quando eu retirei 30, tirei 2 a mais, então tive que colocar 2 de volta.
Prof.ª Young:	Obrigada por ter iniciado para nós, Jason. Alguém pensou nisso de forma diferente?
Angel:	Eu pensei. Obtive 15, também, mas comecei com 28 e somei. Eu adicionei 2 para chegar a 30 e depois adicionei 13 para chegar a 43. Então ao todo adicionei 15.
Prof.ª Young:	Alguém tem alguma pergunta para Angel? (Ninguém tem.) Alguém pensou nisso de uma forma diferente?
Jennifer:	Sei que a minha resposta está errada, mas não consigo descobrir por quê.
Prof.ª Young:	Você quer compartilhar o que fez? (Jennifer concorda, com um aceno de cabeça.)
Jennifer:	Eu fiz como Jason. Retirei 30 de 43 e deu 13. Como eu adicionei 2 a 28, retirei o 2 de 13 e obtive 11.
Prof.ª Young:	Por que você adicionou o 2?
Jennifer:	Adicionei ao 28 porque 30 era mais fácil de retirar.
Prof.ª Young:	Então, quando retirou 30, você retirou a mais ou a menos?
Jennifer:	Eu retirei demais.

| **Prof.ª Young:** | Você retirou demais. Então você terá que retirar mais ou terá que colocar um pouco de volta? |

A professora Young esperava que suas perguntas ajudassem Jeniffer a focar na ação que ela havia tomado para que soubesse como compensar a mudança que havia feito. Em outra situação, ela poderia ter pedido que a classe tentasse descobrir o que Jennifer havia feito, mas a professora Young estava querendo se limitar a uma Conversa Numérica rápida nesse dia, e estava certa de que essa confusão particular surgiria novamente quando, com sorte, ela tivesse mais tempo para deixar que outros alunos falem sobre isto.

| **Jennifer:** | Bem... Eu tenho que retirar o que acrescentei... Oh, espere. Não. Agora estou vendo o que fiz de errado. Quando eu retirei 30, tirei 2 a mais, então tenho que adicioná-lo de volta. Então agora eu concordo com 15. |

A professora Young guarda isso para retomar outro dia. Ela sabe que essa ideia pode ser contraintuitiva para os alunos e que pode resultar em discussões muito interessantes e matematicamente importantes.

Arredondar o subtraendo com frações e decimais

Arredondar o subtraendo funciona com decimais de forma muito parecida com os números inteiros. Escolhemos subtraendos que possam ser arredondados facilmente até um número inteiro. Quando há um número diferente de casas decimais no subtraendo, os alunos têm de pensar um pouco mais.

Exemplo com decimais: 4,34 - 1,97

$$4,34 - 1,97$$

$$4,34 - 2 = 2,34$$
$$+0,03$$
$$\overline{2,37}$$

"Eu arredondei 1,97 para 2; depois subtraí 2 de 4,34 e isso me deu 2,34. Depois tive que adicionar 0,03 porque retirei a mais. Então obtive 2,37."

> Problemas por onde você pode começar:
>
>
>
> **3,63 – 1,95**   **3,6 – 1,95**   **3,63 – 1,9**
>
>
>
> As frações funcionam da mesma maneira, embora possam parecer mais difíceis, devido ao fraco conhecimento das frações que alguns alunos têm. Mais uma vez, queremos usar um subtraendo próximo a um número inteiro. Começamos com denominadores em que um deles é um fator do outro. Quartos e oitavos são um bom ponto de partida. Eis alguns exemplos por onde você pode começar:
>
>
>
> **3¼ – 1⅞**   **6⅛ – 2⅝**   **3½ – 1⅚**
>
>

2. Decompor o subtraendo

Decompor (ou separar) o subtraendo é uma estratégia de "remoção" que os alunos frequentemente usam antes de outras estratégias – ela é importante, porque aprendem que podem separar os números para raciocinar de forma mais eficiente.

Decompor o subtraendo utiliza a facilidade dos alunos com a subtração com múltiplos de 10 e sua fluência com números pequenos. Decompor o subtraendo pode lhes dar confiança enquanto estão aprendendo a usar estratégias que fazem sentido para eles.

Como escolher problemas que convidam os alunos a decompor o subtraendo

Decompor o subtraendo é uma estratégia que os alunos usam naturalmente. Para encorajar essa estratégia, começamos com problemas de dois dígitos menos um dígito, em que o subtraendo é maior do que o dígito unitário no minuendo e não muito próximo de 10.

Problemas por onde você pode começar:

32 – 6   21 – 8   13 – 7   43 – 7   44 – 8   61 – 7

Depois que os alunos começaram a usar essa estratégia, eles a aplicarão a problemas maiores, como:

43 – 17   62 – 16   47 – 28   83 – 37   91 – 26   84 – 36

De modo lamentável, esta estratégia muito rapidamente se torna menos eficiente à medida que os números ficam maiores. Entretanto, sua utilização dá aos alunos fácil acesso para pensar na subtração de novas maneiras e, assim, ela faz sentido como um foco inicial nas Conversas Numéricas. Não se preocupe com isso. Você vai descobrir que os alunos irão gravitar em torno de estratégias que funcionam de maneira mais eficiente com uma maior variedade de problemas.

Perguntas úteis para a estratégia de decompor o subtraendo

- Como você decidiu o que retirar?
- Por que você quis separar os números?
- Alguém separou os números de uma maneira diferente?

3. Em vez disso, somar

Somar para subtrair é uma maneira eficiente de resolver problemas que não funcionam tão facilmente com o arredondamento do subtraendo. A ideia de nunca mais precisarem subtrair novamente encanta muitos estudantes. E, ao fazer o registro de uma reta numérica aberta, essa estratégia também prepara o terreno para compreender a subtração como a distância entre dois números.

Como escolher problemas que convidam os alunos a em vez disso, somar

Quando os alunos veem dois números que são muito próximos, alguém geralmente encontrará a diferença somando. Ao fazer o registro, é importante certificar-se que os alunos sabem qual é a resposta (veja as páginas 43 e 44).

Ao escolher problemas para essa estratégia, procuramos subtraendos que são muito parecidos com os que escolhemos para arredondar o subtraendo, mas estão mais próximos.

Podemos começar com estes tipos de problemas:

$$23 - 19 \qquad 51 - 48 \qquad 34 - 27$$

Então avançamos para estes tipos de problemas:

$$223 - 219 \qquad 351 - 348 \qquad 435 - 427$$

Depois que os alunos usarem essa estratégia, estarão prontos para mergulhar em problemas mais complicados. Embora de início possam não usar as estratégias de adição mais eficientes, irão se direcionar para movimentos mais apropriados. No problema do exemplo 63 - 28, os alunos podem começar em 28 e saltar de 10 em 10: 38, 48, 58 mais 5 para chegar a 63. Outro estudante pode começar com 28 e saltar 2 para chegar a 30, depois saltar de 10 em 10, 40, 50, 60 mais 3 é igual a 63, novamente acrescentando 35 ao todo. Contudo, com o tempo, irão perceber que, depois que saltaram para um número "favorável", podem partir desse número para qualquer outro com apenas um salto. Por exemplo, 28 mais 2 os leva até 30; depois um salto de 33 os leva até 63.

Perguntas úteis para a estratégia de em vez disso, somar

- Como você decidiu seu primeiro movimento?
- Alguém usou esta estratégia, mas fez saltos diferentes?
- Como você sabe qual é a resposta?

Em vez disso, somar com frações e decimais

Em vez disso, somar é uma ótima estratégia para frações e decimais, porque possibilita aos alunos uma nova maneira de pensar a subtração. Para escolher os problemas, empregamos os mesmos princípios usados com números inteiros, exceto que, com frações, temos o cuidado de escolher – inicialmente, pelo menos – denominadores "favoráveis".

Exemplo com decimais: 1,03 – 0,96

Um aluno que está em vez disso, somando poderia dizer: "Somei quatro centésimos para chegar a um número inteiro. Depois somei mais três centésimos para chegar a 1,03. Então, ao todo, somei sete centésimos".

O registro poderia ser assim:

$$1,03 - 0,96$$

$$+0,04 \quad +0,03 \Rightarrow 0,07$$

$$0,96 \quad 1,00 \quad 1,03$$

Problemas por onde você pode começar:

$$5,14 - 4,6 \qquad 2 - 0,7 \qquad 3,4 - 1,25 \qquad 9,15 - 7,5$$

> ## Exemplo com frações: 3¼ – 1¾
>
> Um aluno que está usando essa estratégia poderia dizer: "Eu acrescentei ¼ para chegar a 2; então acrescentei 1 para chegar a 3; depois adicionei ¼ de novo para chegar a 3¼. Então ao todo adicionei 1½.
> O registro poderia ser assim:
>
> $$3\tfrac{1}{4} - 1\tfrac{3}{4}$$ 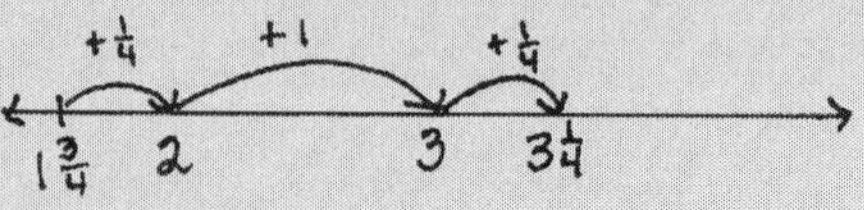
>
> Problemas por onde você pode começar:
>
> 4½ – 1¾   5⅛ – 3¾   4⅜ – 1⅞   6⅝ – 2¾
>
> Depois que os alunos se tornam mais flexíveis com esses denominadores, você será o melhor juiz do que deve ser experimentado. Cada novo problema lhe proporcionará informações de para onde você pode ir a seguir. O céu é o limite!

4. A mesma diferença

A estratégia da mesma diferença baseia-se na noção da subtração como uma distância ou comprimento que pode ser movimentado para frente e para trás em uma reta numérica para encontrar uma localização conveniente para resolver o problema. Como ela foca na subtração como distância, prepara os alunos para entender por que a subtração faz sentido em fórmulas como esta quando eles chegam à álgebra:

$$d = \sqrt{(x_1 - x_2)^2 + (y_1 - y_2)^2}$$

A mesma diferença é uma ideia maravilhosa para que os alunos encontrem sentido, mesmo crianças muito pequenas conseguem fazer com facilidade. Embora funcione bem para qualquer número, essa é uma estratégia que os alunos raramente inventam sozinhos, portanto, uma boa maneira de introduzi-la é por meio de uma investigação da classe. A segunda investigação no Capítulo 9 faz os alunos investigarem a estratégia da mesma diferença e se ela irá funcionar sempre.

Como escolher problemas que convidam os alunos a usar a estratégia da mesma diferença

A mesma diferença pode ser usada com todos os tipos de problemas de subtração, mas os alunos precisam pensar no quanto somar ou subtrair para tornar o problema mais fácil de ser calculado. Para impeli-los para essa estratégia, escolhemos problemas cujo subtraendo esteja mais próximo de um múltiplo de 10 ou 100 do que o minuendo.

Problemas como esses podem tentar os estudantes a arredondar o subtraendo e então somar ou subtrair o mesmo número do minuendo.

$$93 - 28 \qquad 76 - 39 \qquad 57 - 18 \qquad 236 - 188 \qquad 3456 - 687$$

Perguntas úteis para a estratégia da mesma diferença

- Como você sabe que a distância é a mesma entre os números?
- Por que você mudou para _____?
- Alguém usou esta mesma estratégia de uma forma diferente?

A mesma diferença com frações e decimais

A mesma diferença é uma forma muito nova para os estudantes pensarem na subtração de decimais e frações.

Exemplo com decimais: 3,76 - 1,99

Este é um exemplo de um problema que a estratégia da mesma diferença torna muito fácil. Um aluno poderia dizer: "Somei um centésimo a 1,99 e a 3,76. Isso mudou o problema para 3,77 menos 2, portanto, a resposta é 1,77."

$$+0,01 \left(\begin{array}{c} 3,76 - 1,99 \\ 3,77 - 2,00 \end{array} \right) +0,01$$

$$1,77$$

ou

$$3,76 - 1,99$$
$$3,77 - 2,00$$

Problemas por onde você pode começar:

| 9,3 – 2,8 | 7,6 – 3,9 | 5,75 – 1,85 | 0,236 – 0,188 |

Exemplo com frações: 3⅛ – 1⅞

Um aluno poderia dizer: "Acrescentei ⅛ aos dois números. 1⅞ mais ⅛ é 2, e 3⅛ mais ⅛ é 3¼. Portanto, 3¼ menos 2 é 1¼.

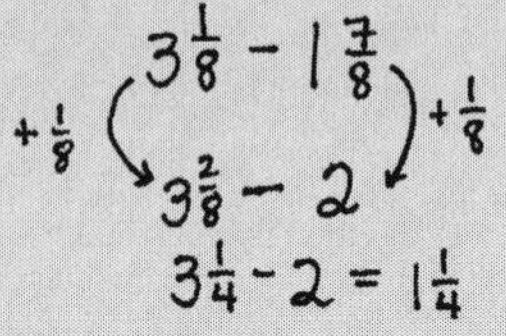

$$+\tfrac{1}{8}\left(\begin{array}{c}3\tfrac{1}{8} - 1\tfrac{7}{8}\\ 3\tfrac{2}{8} - 2\end{array}\right)+\tfrac{1}{8}$$

$$3\tfrac{1}{4} - 2 = 1\tfrac{1}{4}$$

Problemas por onde você pode começar:

| 1⅖ – ⅘ | 2⅜ – 1⅞ | 4⅙ – 2⅚ | 3⅓ – ⅚ |

Depois que os alunos se sentirem mais à vontade, você pode experimentar problemas como estes:

| 5¼ – 3⅞ | 53¹⁄₁₀ – 10⅘ | 4⅓ – 1⅚ | 6⅗ – 3⁹⁄₁₀ |

A mesma diferença com números inteiros*

A maioria dos alunos ingressa nas séries superiores com uma variedade de regras e truques para subtrair números inteiros, mas raramente têm a oportunidade de encontrar sentido no que de fato está acontecendo. Se seus alunos entenderem a mesma diferença na reta numérica o suficiente para usá-la como ferramenta para seu pensamento, essa estratégia poderá ajudá-los a encontrar sentido na subtração dos números inteiros – quem sabe pela primeira vez. O objetivo é pensarem na diferença como distância.

Outro desafio que os alunos têm com números negativos é seu formato, e é importante que eles sejam flexíveis com isso. Assim, es-

---

* Mais uma vez, os números negativos são intencionalmente escritos em uma variedade de maneiras, as quais poderão ser encontradas pelos alunos. Isso os ajuda a se tornarem mais flexíveis com a notação simbólica.

crevemos os números negativos de três maneiras diferentes: entre parênteses, com o sinal negativo sobrescrito e com o sinal negativo parecendo exatamente como um sinal de subtração.

Exemplo de problema: 5 - (-3)

Um aluno poderia dizer: "Adicionei 3 aos dois números para subtrair zero. Três negativo mais 3 é 0, e 5 mais 3 é 8, então 8 menos 0 é 8".

$$+3 \begin{pmatrix} 5 - (-3) \\ 8 - 0 \end{pmatrix} +3$$
$$8$$

Ou eles poderiam olhar para a reta numérica e ver que a distância entre 5 e -3 são 8 unidades.

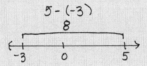

Entretanto, a resposta é positiva ou negativa? A investigação "Brinque com isto", no Capítulo 9, fornece aos alunos (e a você) uma chance de brincar um pouco com isso e ver o que consegue encontrar:

Problemas por onde você pode começar:

(-4) - 4   6 - -5   - 13 - (-6)   -5 - 8   - 7 - (-10)

Depois desses tipos de problemas, você pode desafiar os alunos com estes:

-3 - $\frac{2}{3}$ 5$\frac{1}{2}$ - (-$\frac{1}{4}$)   -$\frac{5}{6}$ - (-$\frac{1}{3}$)   0,99 - 1   1,75 - (25)

5. Separar por posição

Antes de serem expostos aos algoritmos, que ensinam os alunos a começar pela direita na adição e subtração, as crianças somam e subtraem começando pela esquerda de modo natural (KAMII, 2000). A estratégia de separar por posição pode redirecionar o foco da atenção dos alunos para o valor posicional e manter a relação entre as quantidades do minuendo, subtraendo e a diferença. Essa estratégia pode emergir naturalmente com crianças pequenas, as quais em idade precoce desenvolvem uma intuição sobre os números negativos. No entanto, é lamentável que isso aconteça muito raramente depois que os estudantes aprenderam regras para a subtração de números negativos (o que os atormenta durante todo o ensino médio). Como recentemente observou Phil Daro (2014), autor principal da Common Core State Standards[1], "Encontrar sentido é uma resposta básica e infelizmente temos sido treinados para suprimi-la". Se você acha que ajudaria seus alunos se encontrassem sentido na subtração, é provável que você precise introduzir essa estratégia. Dizer algo como: "Já vi alguém resolver este problema de uma maneira que eu nunca havia pensado, mas a experimentei neste problema. Foi assim que eu fiz...". Depois de serem apresentados à estratégia, muitos dos seus alunos gravitarão em torno dela – se fizer sentido para eles.

Como escolher problemas que convidam os alunos a separar por posição

Esta estratégia funciona eficientemente para quase todos os problemas de subtração com números inteiros.

$$72 - 56 \qquad 81 - 27 \qquad 63 - 28 \qquad 337 - 159$$

Perguntas úteis para a estratégia de separar por posição

- Você pensou nisto como 6 menos 3 ou 600 – 300?
- Como você sabe que 30 menos 70 é 40 negativo?

Separar por posição com decimais

Esta estratégia funciona efetivamente com decimais e ela pode ajudar a lhes dar uma melhor noção do valor posicional dos dígitos, já que a maioria dos nossos alunos tem pouca compreensão de "onde vai a vírgula do decimal".

Exemplo com decimais: 5,2 - 1,5

"Retirei 1 de 5, e restou 4; depois retirei 5 décimos de 2 décimos e obtive 3 décimos negativos. Portanto, retirei 3 décimos de 4 e obtive 3 e 7 décimos."

$$5,2 - 1,5$$
$$5,2$$
$$-1,5$$
$$\overline{4-0,3}$$
$$3,7$$

Problemas por onde você pode começar:

5,7 - 2,9   8,42 - 0,17   13,23 - 8,54   4,1 - 2,03

Os alunos descobrirão outras estratégias além das cinco principais que já identificamos. Voltemos ao problema do nosso exemplo, 63 - 28, para explorar algumas delas.

Arredondar os dois números: alguns alunos irão arredondar os dois números para resolver o problema como 60 menos 30. Embora 60 menos 30 seja fácil de resolver, o problema de arredondar os dois números é que em geral é difícil para os alunos resolver o que fizeram e compensar as duas mudanças que fizeram. Não se preocupe com essa estratégia se ela surgir, porque as crianças rapidamente irão gravitar em torno de estratégias que funcionam de maneira mais eficiente.

Ajustar o minuendo: alguns alunos irão somar 5 a 63 para mudar o problema para 68 menos 28 para uma resposta de 40, depois subtrair o 5 que acrescentaram ao 68 para uma resposta de 35. Na verdade, é bom que eles saibam que você pode modificar o minuendo ou o subtraendo para tornar o problema mais fácil. Eles terão de examinar cuidadosamente a ação tomada para saber como compensar as mudanças que fizeram.

Arredondar o minuendo: outros alunos irão retirar 3 de 63 para mudar o problema para 60 menos 28. No entanto, eles descobrem muito rapidamente que retirar um múltiplo de 10 ou 100 é muito mais fácil do que retirar qualquer número de um múltiplo de 10 ou 100, então com frequência abandonam esse método muito cedo.

Você não vai desencorajar nenhum método quando ele aparecer. Em vez disso, comemore os esforços dos alunos em experimentar diferentes maneiras de encontrar sentido na subtração. A eficiência não é o *objetivo inicial*. Um foco muito precoce na eficiência pode fazer os alunos voltarem a relembrar em vez de encontrar sentido. Ao contrário, mostre-lhes o quanto você está satisfeito e entusiasmado por eles estarem resolvendo problemas de subtração de maneiras que fazem sentido para eles. E, por fim, à medida que eles veem cada vez mais estratégias, aquelas complicadas cairão no esquecimento.

HUMPHREYS & PARKER

Dentro de uma sala de aula do 7º ano: investigando um erro matemático

3,87 - 0,79

A professora Aho vem realizando Conversas Numéricas com seus alunos do 7º ano há vários meses. Hoje, ela escreve 3,87 - 0,79 no quadro, depois espera enquanto os alunos trabalham para resolver o problema mentalmente.

Enquanto resolvem o problema, os alunos silenciosamente colocam o punho sobre o peito com o polegar para cima para indicar que já têm uma forma de resolução. Alguns daqueles que já encontraram uma solução procuram formas adicionais de resolver o problema e indicam cada nova maneira que encontram apontando mais um dedo. A professora Aho aguarda até que todos tenham tido tempo, sabendo que aqueles que terminarem rapidamente irão mergulhar no problema na busca de soluções adicionais.

Quando a maioria dos dedos estiver erguida, ela pergunta: "Alguém gostaria de compartilhar a resposta que encontrou?". (Anteriormente, ela havia falado sobre a importância de não indicar se concordam com uma resposta que é apresentada, para que todos tenham a oportunidade de compartilhar a sua. Além disso, ela tem o benefício adicional de avaliar informalmente se os alunos têm sucesso.) Os estudantes apresentam duas respostas: 3,08 e 3,06, e ela as registra sem tecer comentários.

Prof.ª Aho:	Quem gostaria de nos convencer de que tem uma resposta que faz sentido, contando-nos o que fez? (Ela chama Michelle.) Que resposta você está defendendo?
Michelle:	Estou defendendo 3 e 8 centésimos. Retirei 80 centésimos de 3 e 87 centésimos e obtive 3 e 7 centésimos. Como retirei demais, então coloquei de volta o 1 centésimo extra que eu havia retirado, e minha resposta é 3 e 8 centésimos.

$$3,87 - 0,79$$

$$\text{Michelle} \quad \begin{array}{r} 3,87 \\ -0,80 \\ \hline 3,07 \\ +0,01 \\ \hline 3,08 \end{array}$$

(Observação: Quando a professora Aho começou a trabalhar com decimais, os alunos sempre liam decimais tipo 3,87 como "Três vírgula oitenta e sete" [que é uma resposta quase universal de alunos a partir do fim do ensino fundamental e do ensino médio]. Contudo, ela sabe que ler os decimais assim pode esconder o valor dos dígitos, portanto, na primeira vez que a questão surgiu, ela disse: "Mas o que isso realmente significa?" ou "Vocês conseguem ler o número sem dizer a palavra vírgula?". Assim, neste momento do ano, esse hábito foi felizmente erradicado.)

Há várias perguntas que a professora Aho poderia fazer nesse momento. Elas incluem: "Quantos de vocês resolveram da mesma maneira que Michelle?". Esta lhe possibilita uma rápida avaliação de quem está usando qual estratégia. Além disso, se houver apenas algumas mãos erguidas, ela saberá que há outras estratégias que os alunos usaram. Ou ela poderia perguntar: "Quem tem uma pergunta para Michelle?". Nesse caso, a professora Aho fez as duas perguntas.

Poucos alunos levantaram as mãos para mostrar que haviam usado o mesmo método que Michelle, portanto, a professora Aho sabia que eles usaram outras estratégias. No entanto, antes de passar para outra estratégia, ela perguntou: "Quem tem uma pergunta para Michelle?" Jamie levantou a mão.

Jamie:	Eu meio que fiz do mesmo jeito, mas não cheguei à mesma resposta, e já sei o que eu fiz de errado.

Mais uma vez, a professora Aho pode ir em duas direções diferentes. Jamie não tinha uma pergunta sobre a estratégia de Michelle; em vez disso, ele havia aprendido algo com a estratégia de Michelle e queria compartilhar. A professora Aho poderia ter dito: "Jamie, guarde sua ideia, e voltaremos a falar com você. Alguém tem uma pergunta para Michelle?". Em vez disso, a professora Aho escolheu continuar com Jamie.

Prof.ª Aho para Jamie:	Você quer compartilhar isso conosco? (Jamie concorda com um aceno de cabeça.)
Jamie:	Eu comecei como Michelle, e tirei 80 centésimos de 3 e 87 centésimos, e obtive 3 e 7 centésimos. Então retirei o 1 centésimo que acrescentei aos 79 centésimos e obtive 3 e 6 centésimos. Porém, eu deveria ter acrescentado de volta o um centésimo, e Michelle me ajudou a ver que eu realmente retirei demais.

A professora Aho trabalhou muito para criar uma cultura em que os erros são vistos como oportunidades para nova aprendizagem, em vez de algo do que se envergonhar, e seus alunos frequentemente estão dispostos a falar sobre os erros que cometeram. Ela também sabe que falar sobre o erro de Jamie pode ajudar a lançar luz sobre ideias que também podem ser confusas para outros alunos.

Prof.ª Aho: Jamie, você pode nos ajudar a entender por que você somou 0,01 em vez de subtrair, ou você gostaria que outra pessoa tentasse explicar?

Jamie: Inicialmente, eu pensei que havia subtraído o 0,01 porque o adicionei a 0,79. Agora vejo que, quando o adicionei a 0,79, eu subtraí demais. Eu deveria retirar 0,79 e retirei 0,80. Então eu tinha que adicionar à minha resposta o 0,01 extra que havia tirado.

A professora Aho usa uma estratégia de ensino que é valiosa em Conversas Numéricas quando há uma questão complicada.

Prof.ª Aho para a classe: Conversem por um minuto com as pessoas à sua volta sobre o que Jamie acabou de explicar.

As crianças se agrupam e conversam tranquilamente. Quando a conversa diminui, o que ocorre alguns minutos depois, a professora Aho reúne a classe novamente.

Prof.ª Aho: Alguém tem alguma pergunta para Jamie?

Ninguém tem, mas ela sabe, melhor do que ninguém, que todos acompanharam o raciocínio de Jamie. Então insiste:

Prof.ª Aho: Jamie, tudo bem se mais alguém conseguir tentar explicar qual foi seu erro?

Jamie: Ok.

Prof.ª Aho: Alguém acha que pode nos ajudar a entender qual foi o erro de Jamie?

CONVERSAS NUMÉRICAS

Jennifer se apresenta como voluntária.

Jennifer: Acho que Jamie adicionou 0,01 a 0,79 e obteve 0,8. Então ele retirou 0,8 de 3,87 e obteve 3,07. Depois, subtraiu 0,01, mas deveria ter adicionado.

Prof.ª Aho: Por que ele deveria ter adicionado em vez de subtrair?

Jennifer: Porque 0,8 é maior que 0,79, e ele retirou 0,8, portanto, precisava acrescentar de volta.

Prof.ª Aho: Ah, agora isto está ficando interessante! Você está dizendo que Jamie deveria ter adicionado um centésimo por *duas vezes*? (Volta-se para a classe). Então Jamie e Jennifer acham que depois que Jamie adicionou 0,01 a 0,79, ele deveria ter adicionado novamente 0,01 à resposta depois de ter subtraído? Virem-se e conversem com algumas pessoas à sua volta. Vejam se conseguem descobrir por que faz sentido adicionar 0,01 duas vezes: primeiro a 0,79 e depois ao 3,07 depois que ele subtraiu.

Os alunos conversam em pequenos grupos por alguns minutos. A professora Aho sabia que esse era um uso importante do tempo das Conversas Numéricas, porque adicionar duas vezes é contraintuitivo para muitos estudantes. Ela havia visto esse tipo de erro antes e acreditava que resolver a questão ajudaria os alunos a desenvolver maior compreensão de como funciona a subtração.

Prof.ª Aho: Quem resolveu esse problema de uma forma diferente?

Depois dessa Conversa Numérica, a professora Aho pensará sobre qual problema usar na próxima aula. Seus alunos pareciam à vontade usando múltiplas estratégias para subtrair com decimais, embora seus polegares não tenham levantado tão rapidamente quanto esperava. Ela decidiu que apresentar um problema semelhante possibilitaria uma prática adicional que sabia que precisavam e que daria a oportunidade a Jamie (e outros) de confrontar seu erro anterior. Ela decidiu apresentar na próxima seção o problema 4,73 − 0,89.

Embora você possa começar com a mesma Conversa Numérica no 5º ano do ensino fundamental ou na 1º série do ensino médio, a trajetória provavelmente será diferente, porque você irá basear cada Conversa Numérica subsequente no que identificou no pensamento dos alunos. Uma grande parte do poder das dessas conversas é que os alunos podem descobrir coisas que nós, como professores, podemos nunca ter pensado antes. Dessa forma, as Conversas Numéricas proporcionam aos alunos e também aos professores o desenvolvimento da compreensão de como os números e as operações funcionam. E, embora o algoritmo tradicional da subtração obscureça o valor posicional, as Conversas Numéricas dependem do uso dos alunos e da compreensão das relações do valor posicional. Portanto, embora as Conversas Numéricas de subtração auxiliem os alunos a aprender a raciocinar flexivelmente enquanto subtraem, elas também servem para desenvolver sua compreensão de ideias matemáticas importantes que estão por trás da subtração.

Nota

1 N. de R.T. Os Common Core State Standards (CCSS) referem-se às diretrizes curriculares da educação básica nos Estados Unidos, e foram publicadas em 2010 para as disciplinas de língua inglesa e matemática. O Common Core cumpre papel análogo à Base Nacional Comum Curricular (BNCC) no Brasil.

A multiplicação em todos os anos

5

Neste capítulo, focamos em estratégias gerais para a multiplicação que são úteis para ajudar os alunos a entender as propriedades da aritmética e que fornecem a base para a álgebra. Primeiro, precisamos pensar como as Conversas Numéricas contribuem para que os alunos aprendam problemas de multiplicação com fatores de um dígito.

Conversas Numéricas e fatos da multiplicação

O domínio dos "fatos" sobre adição e multiplicação tem sido um problema desde sempre. Embora haja concordância generalizada de que o rápido acesso a eles – que preferimos pensar como combinações numéricas – é vital para o sucesso em matemática, a abordagem costumeira tem sido encorajar a memorização mecânica. Cartas de memorização da tabuada e testes cronometrados continuaram fazendo aparições regulares nas salas de aula norte-americanas já no 2º ano, apesar de décadas de evidências que, no mínimo, eles não funcionam muito bem – como sabe qualquer professor do fim do ensino fundamental e do ensino médio. Os testes cronometrados, em particular, que fazem muitas crianças não gostarem ou evitarem a matemática, há muito tempo estão associados à ansiedade matemática (TOBIAS, 1978). E, como assinala Jo Boaler, (2014, p. 469)

> Ocorrendo em estudantes desde uma idade precoce, a ansiedade matemática e seus efeitos são exacerbados com o tempo, levando a um baixo rendimento, à esquiva da matemática e a experiências negativas com a matemática durante toda a vida.

No começo de nossas carreiras, também tínhamos a expectativa de usar esses métodos, mas, sabendo o que sabemos agora, gostaríamos de poder ter aqueles mesmos alunos de volta!

A seguinte analogia nos ajudou a entender por que os testes cronometrados e as cartas de memorização da tabuada não auxiliam na proficiência das crianças com números e nos levou a pensar em como colaborar para que os estudantes dominem fatos numéricos de uma forma diferente.

Imagine uma pilha de cartas como esta:

$$b \odot g$$

Oito letras diferentes estão pareadas randomicamente, com cada uma das outras letras, para produzir 64 cartas diferentes; cada combinação tem uma "resposta" escrita nas costas da carta (para $b \odot g$, a propósito, a resposta é **z**).

Suponha que pedissem para memorizar as respostas de todas as 64 combinações. Sabemos os nomes das letras, e, com um pouco de prática, podemos lembrar que $b \odot g = $ **z**. Podemos até mesmo notar que $g \odot b$ é igual a **z**. Praticamos repetidamente. Mas é difícil lembrar de todas elas. E imagine, então, se alguém cronometrasse para ver a rapidez com que conseguíamos dizê-las!

Esse cenário não é diferente de como é aprender fatos básicos para muitas crianças. Alguém poderia argumentar que essa analogia não é justa – que letras e números são diferentes porque as combinações de letras não estão relacionadas com as suas respostas, enquanto os números têm relações que podem ajudar a dar sentido às respostas. Concordamos completamente! Sem relações inerentes, as combinações de letras *somente* podem ser aprendidas por memorização mecânica ou por sistemas mnemônicos – difícil de aprender e fácil de esquecer.

Acabamos percebendo, no entanto, que cartas de memorização da tabuada e testes cronometrados tratam as combinações nu méricas *como se* elas, como as combinações de letras, não estivessem relacionadas com as suas respostas, mas elas realmente têm padrões inerentes e relações que, quando exploradas e entendidas, auxiliam os alunos a usar os fatos de multiplicação com flexibilidade e confiança.

Às vezes nos perguntam: "Faz diferença se os alunos aprendem fatos de multiplicação por meio de Conversas Numéricas ou pela memorização da tabuada e testes cronometrados, contanto que aprendam?". Sim, faz diferença! Podemos achar que a memorização e os testes cronometrados não podem causar danos, mas eles podem. Transmitem aos alunos uma falsa ideia sobre o que é matemática e sobre o que significa ser bom em matemática. (Para mais informações sobre os danos causados por testes cronometrados, veja Boaler (2014).)

CONVERSAS NUMÉRICAS

As Conversas Numéricas podem dar a cada aluno a chance de dominar, e entender, os fatos da multiplicação. Esta é uma visão rápida de uma classe do 7º ano em que os alunos estão engajados em uma Conversa Numérica.

7 × 8

Assim que 7 × 8 é escrito no quadro, vários dedos são levantados. Depois de esperar que todos levantem os dedos, o professor chama um aluno, que diz: "56".

Prof. Hoffman:	Alguém obteve uma resposta diferente? (Ninguém admite isso.)
Prof. Hoffman:	Quem pode explicar como chegou a esse resultado?
Susanne:	Eu simplesmente sabia.
Prof. Hoffman:	Alguém pensou em 7 vezes 8 de uma maneira diferente? (Mais uma vez, ninguém. Mas é provável que haja alguns alunos na sala que contaram de 7 em 7 oito vezes, acompanhando com os dedos sob a mesa, e outros que apenas esperaram que alguém respondesse.)
Prof. Hoffman:	Parece que todos simplesmente sabem que 7 vezes 8 é igual a 56. Vamos explorar isso um pouco e pensar em como vocês poderiam resolver se não soubessem. Então finjam que não sabem. Qual seria uma forma fácil de resolver 7 vezes 8 rapidamente? (O professor espera o que parece ser muito tempo até que um número suficiente de mãos esteja erguido.)
Marta:	Eu sei que 7 vezes 7 é 49, então acrescentei mais um 7 e obtive 56.
Prof. Hoffman:	Por que você acrescentou mais 7?
Marta:	Eu precisava de oito números 7, mas só tinha sete.
Prof. Hoffman:	Então você acrescentou mais um 7 a 49. Como você fez isso?
Marta:	Eu sei que 7 vezes 7 é 49, então acrescentei 1 a 49 para obter 50. Depois acrescentei mais 6.
Prof. Hoffman:	Quem pensou nisso de uma maneira diferente? (Ninguém). Bem, vamos pensar um pouco sobre isso. De que outra maneira *poderíamos* resolver se não soubéssemos quanto é 7 vezes 8?
Jacob:	Bem, 4 vezes 7 é 28, então se você somar 28 e 28, daria o mesmo resultado.
Teresa:	Dez vezes 7 é 70, e você poderia retirar dois números 7, ou 14, e resta 56.

Quando você engajar seus alunos em uma Conversa Numérica como esta, continue perguntando: "De que outra maneira?" e "De que outra maneira?". E não se esqueça de lhes perguntar por que suas estratégias fazem sentido quando achar que isso permitirá que os outros a entendam.

O que os alunos estão aprendendo durante essa Conversa Numérica que não aprendem por meio de memorização da tabuada e testes cronometrados? Estão aprendendo que têm ideias matemáticas que valem a pena ser ouvidas – e também seus colegas. Estão aprendendo a não desistir quando não conseguem encontrar uma resposta imediatamente, porque estão percebendo que velocidade não é importante. Estão aprendendo sobre relações entre quantidades e sobre o que realmente significa a multiplicação. Estão usando as propriedades dos números reais, que apoiarão sua compreensão da álgebra.

E quanto às práticas matemáticas? Estas são apenas algumas que os alunos usaram durante essa breve Conversa Numérica:[1]

- Encontrar sentido nas quantidades e suas relações [PM2]
- Justificar suas conclusões [PM3]
- Comunicar-se com os outros com precisão [PM6]

Multiplicação em todos os anos

As Conversas Numéricas sobre multiplicação têm enorme potencial para ajudar os alunos a aprender propriedades dos números reais (embora eles ainda não saibam disso), e com o tempo, as propriedades ganham vida nas estratégias dos próprios alunos.

No entanto, antes que isso possa acontecer, temos um problema delicado, especialmente para muitos estudantes do final do ensino fundamental e do ensino médio. Se, depois de oito ou mais anos na escola, um estudante tiver pouca experiência em raciocinar sobre aritmética e tiver somente os algoritmos tradicionais em que se basear, então precisamos dar atenção especial para auxiliá-los a se libertarem disso.

Libertando os alunos da sua dependência de procedimentos mecânicos

Quando os alunos têm pouca experiência em pensar com números, é natural que recorram a algoritmos tradicionais. Dedicamos uma pequena seção deste capítulo para auxiliá-los a passar para a busca de sentido, caso fiquem presos ao algoritmo. Também dedicamos uma seção a esse tema no Capítulo 10.

Não há um caminho direto aqui; cada turma é diferente. Os alunos chegam com variadas compreensões, experiências e diferentes níveis de confiança em si mesmos como pensadores matemáticos. E com frequência, não chegam com uma disposição para trabalhar em multiplicação de maneiras que sejam diferentes do algoritmo tradicional. Pode ser útil apenas conversar honestamente com seus alunos sobre isso. Para um vislumbre de como isso pode parecer, apresentamos o seguinte trecho de uma Conversa Numérica que Ruth realizou quando estava visitando uma turma de 8º ano na Califórnia. Observamos aproximadamente 10 minutos de uma Conversa Numérica em que esses alunos do 8º ano estão fazendo cálculos mentais para resolver o problema 12×8. Essas conversas eram novidade para esse grupo de estudantes.

12×18

Os alunos deram quatro respostas, que estão listadas no quadro: 116, 206, 216 e 204.

Ruth:	Quem gostaria de explicar como chegou a uma dessas respostas e por que ela faz sentido?
Keanon:	Fiz 10 vezes 18... Bem... Separei 12 em 10 mais 2 e depois fiz 10 vezes 18 e obtive 180. Então fiz 2 vezes 18.
Ruth:	Que resposta você está defendendo?
Keanon:	216.
Ruth:	Ok, então quando multiplicou 2 por 18, o que você obteve?
Keanon:	36. Então somei 180 e 36.

$$12 \times 18$$
$$(10 + 2) \times 18$$
$$10 \times 18 = 180$$
$$2 \times 18 = +36$$
$$\overline{216}$$

Ruth:	Como você os somou?
Keanon:	Somei 0 e 6. Então somei 8 e 3, depois coloquei o 1 ao lado do outro 1 e obtive 216.

Ruth percebe que Keanon "escorregou" de volta para o algoritmo tradicional quando somava os produtos parciais. Ela sabe que isso acontece com frequência quando os alunos estão se familiarizando com as Conversas Numéricas. Inicialmente, eles têm a tendência a pensar de modo criativo sobre o tema em questão – neste caso, a multiplicação –, mas, aparentemente, retrocedem para os algoritmos tradicionais familiares sem notar. Ela decide não mencionar isso agora, porque Keanon relutou em compartilhar seu pensamento no início.

Ruth: Quantos de vocês usaram o mesmo método que Keanon? (Outra mão é erguida.)

Isso significa que temos mais estratégias aqui. Quem deseja compartilhar uma diferente? Elizabeth, que resposta você está defendendo?

Elizabeth: Bem, eu passei o 12 para baixo do 18. E fiz 2 vezes 8 e obtive 16, então anotei o 2 e coloquei o 1 acima do 1.

Ruth escreve 12 × 18, com 12 abaixo de 18, e registra o que Elizabeth disse até aqui.

Ruth, voltando-se para a classe: Elizabeth usou o que chamamos de *algoritmo tradicional*. Quantos de vocês usaram o algoritmo tradicional? (A maioria dos alunos levanta as mãos.) A maioria de vocês – é assim que eu também fui ensinada a multiplicar. E eu já estava lecionando quando aprendi que há maneiras mais fáceis de multiplicar. Então, tenho algumas más notícias para vocês: todos nós fomos ensinados a trabalhar de forma difícil. As Conversas Numéricas nos ajudam a trabalhar de forma inteligente e eficiente, e sei que todos vocês vão aprender a fazer isso. Logo que os problemas ficam maiores, o algoritmo tradicional vai se tornando quase impossível de ser resolvido mentalmente. Alguém fez isso de uma maneira diferente?

Sean: Bem, eu fiz de uma maneira diferente, mas não sei se está certa.

Ruth: Obrigada por estar disposto a compartilhar mesmo não tendo certeza! Que resposta você está defendendo, Sean?

Sean: 216.

Ruth: Você pode explicar o que fez e por que isso faz sentido?

Sean: Eu sabia que 12 vezes 12 é 144. E me sobravam seis números 12, e eu sabia que 6 vezes 12 é 72. Então somei 144 e 72.

Ruth: Como você somou 144 e 72?

Sean: Eu fiz como Keanon. Movi o 72 para baixo do 144. Quatro mais 2 é 6, e 7 mais 4 é 11. Então transportei o 1 e obtive 216.

Ruth: Ah – você usou o algoritmo tradicional para adição. Alguém tem uma pergunta para Sean? (Ninguém tem.)

Ruth: Quem gostaria de contar como encontrou uma resposta diferente e por que ela faz sentido? (Ninguém quer.)

Isto não surpreende Ruth, porque ela já viu muitos alunos mudarem de ideia depois de ser convencidos pelas explicações dos outros. Ela sabe que, quando os alunos se sentem à vontade com as Conversas Numéricas, eles começam a compartilhar os erros que cometeram.

Ruth: Obrigada por compartilharem seu pensamento hoje. Talvez amanhã outros de vocês terão a chance de compartilhar.

Ruth agora está pensando no problema que irá apresentar no dia seguinte. Ela decide que 12 × 15 pode ser uma boa maneira de prosseguir, porque é suficientemente semelhante a 12 × 18, para que os alunos possam se basear nos métodos que foram compartilhados hoje.

No restante deste capítulo, usamos o problema 12 × 16 para demonstrar quatro estratégias de multiplicação, a maioria das quais funciona eficientemente com números racionais. Várias delas são as que os alunos em geral encontram por conta própria.

Quatro estratégias para a multiplicação

Fator × Fator = Produto

12 × 16

1. Decompor um fator em duas ou mais parcelas

"Dividi 16 em 10 e 6. Primeiro, multipliquei 10 vezes 12 e obtive 120. A seguir, multipliquei 6 vezes 12 e obtive 72. Depois adicionei 120 a 72 e obtive 192."

$$12 \times 16$$
$$12 \times 16 = 12 \times (10 + 6)$$
$$= (10 + 6) \times 12$$

$$10 \times 12 = 120$$
$$6 \times 12 = \underline{72}$$
$$192$$

2. Fatorar um fator

"Sei que 16 é igual a 4 vezes 2 vezes 2. Primeiro fiz 4 vezes 12 e o resultado foi 48. Depois fiz 48 vezes 2 e obtive 96. E então fiz 96 vezes 2 e obtive 192."

$$12 \times 16$$
$$12 \times 16 = 12 \times (4 \times 2 \times 2)$$
$$12 \times 4 = 48$$
$$\times 2$$
$$96 \times 2 = 192$$

ou

Se os alunos estiverem prontos para uma conexão explícita com um registro mais simbólico, também podemos registrar assim, para enfatizar a propriedade associativa da multiplicação:

$$12 \times 16$$
$$12 \times 16 = 12 \times (4 \times 2 \times 2)$$
$$= (12 \times 4) \times (2 \times 2)$$
$$= 48 \times (2 \times 2)$$
$$= (48 \times 2) \times 2$$
$$= 96 \times 2$$
$$= 192$$

3. Arredondar um fator e ajustar

"Arredondei 16 para 20 e fiz 12 vezes 20 e obtive 240. Depois, retirei quatro números 12, ou 48. Retirei 40 de 240 e obtive 200; então retirei mais 8 e obtive uma resposta de 192."

$$12 \times 16 \quad °°° \underbrace{(16 = 20 - 4)}$$
$$12 \times 20 = 240$$
$$12 \times 4 = 48 < \frac{40}{+8}$$
$$240 - 40 = 200$$
$$200 - 8 = 192$$

ou

$$12 \times 16$$
$$12 \times (20 - 4)$$
$$(12 \times 20) - (12 \times 4)$$
$$240 - 48$$
$$192$$

4. Dividir pela metade e dobrar

"Dupliquei 12 e dividi 16 pela metade, então mudei o problema para 24 vezes 8. Depois, continuei dividindo pela metade e dobrando; então obtive 48 vezes 4 e depois 96 vezes 2, e minha resposta é 192."

$$12 \times 16$$
$$12 \times 16 = 24 \times 8$$
$$= 48 \times 4$$
$$= 96 \times 2$$
$$= 192$$

Desenvolvendo em profundidade as estratégias de multiplicação

1. Decompor um fator em parcelas

Esta é a estratégia que Keanon usou anteriormente. Decompor um fator em parcelas e usar a propriedade distributiva nos permite transformar problemas que parecem difíceis de pensar em problemas muito mais fáceis de resolver. Por exemplo, pensar mentalmente sobre o problema 23×13 é desafiador, mas, quando decompomos 23 em $20 + 3$, multiplicar fica muito mais fácil.

Para encorajar o uso dessa estratégia, de forma intencional escolhemos números que podem ser decompostos em parcelas que são fáceis de ser pensadas, como 2 mais alguma coisa, 10 mais alguma coisa, 25 mais alguma coisa ou 50 mais alguma coisa.

Os alunos são frequentemente encorajados a decompor os números em dezenas ou unidades, mas essa não é a única maneira de tornar um problema mais fácil decompondo um fator em parcelas. Uma estudante do ensino médio, por exemplo, ao resolver 18×5, optou por decompor 5 em $2 + 2 + 1$. Isso configurou o problema como $18 \times (2 + 2 + 1)$, o que era mais fácil para ela pensar.

Essa estratégia pode ser útil quando os alunos se apegam ao algoritmo tradicional e precisam ser persuadidos a tornar o problema mais fácil de ser pensado, além de dar vida à propriedade distributiva da multiplicação sobre a adição para os alunos.

Como escolher problemas que convidam os alunos a decompor um fator em parcelas

Procuramos escolher dois números em que a decomposição de apenas um fator torne o problema muito fácil de ser resolvido mentalmente. Podemos começar com problemas que podem ser modificados para 10 mais alguma coisa. Problemas como:

$$12 \times 6 \qquad 13 \times 8 \qquad 14 \times 12 \qquad 12 \times 13 \qquad 13 \times 7$$

Muitos alunos serão então capazes de aplicar essa estratégia a multiplicações de dois dígitos por dois dígitos, como:

$$12 \times 14 \qquad 14 \times 25 \qquad 26 \times 48 \qquad 52 \times 18 \qquad 13 \times 26$$

Para desafiar ainda mais seus alunos, você pode ir gradualmente afastando um fator de um número "favorável" – por exemplo, 27 vezes um número, ou 53 vezes um número.

Perguntas úteis para a estratégia de decompor um fator em parcelas

- Como decompor 27 para 25 mais 2 lhe ajudou a resolver o problema?
- Por que decompor o 27 não modificou o valor da resposta?
- Como você decidiu decompor o fator desta maneira?

CONVERSAS NUMÉRICAS

> **Uma observação sobre registros**
>
> Quando você está registrando a estratégia de decompor um fator em parcelas, a representação geométrica da multiplicação de dois números como dimensões de um retângulo cria uma imagem maravilhosa que auxilia os alunos a entenderem melhor suas próprias estratégias. Ela também pode tornar-se uma ferramenta poderosa para a solução de problemas. A imagem visual é tão útil para contribuir para que os alunos entendam a propriedade distributiva da multiplicação sobre a adição que incluímos, no Capítulo 9, uma investigação sobre representações geométricas na multiplicação.

Decompor um fator em parcelas com frações e decimais

Esta estratégia é particularmente eficiente com decimais e frações se um dos fatores for um número inteiro e ou outro for uma fração ou número misto com um denominador que seja "favorável" para o outro fator. Por exemplo, ⅓ é "favorável" para 12 porque 12 pode ser dividido em três partes iguais. Para convidar a esta estratégia, você pode fazê-los começarem com problemas como estes:

5,5 × 12	12,25 × 12	5,1 × 30	6,25 × 24
2½ × 12	1¾ × 16		

e desafiá-los com problemas como estes:

3⅞ × 16	11,75 × 40	5,375 × 24	14⅘ × 100

2. Fatorar um dos termos da multiplicação

Para encorajar o uso desta estratégia, de forma intencional escolhemos números que têm vários fatores. Fatorar um número como 16 em 4 × 4 ou 2 × 8 em geral torna mais fácil reorganizar os fatores para que os problemas sejam mais fáceis de resolver. Essa estratégia não só ajuda os alunos a aprenderem a fatorar com facilidade, mas também estabelece as bases para entenderem a propriedade associativa da multiplicação $(a \times b) \times c = a \times (b \times c)$.

Como escolher problemas que convidam os alunos a usar a estratégia de fatorar um dos termos da multiplicação

Podemos começar com números que têm 2, 3 ou 5 como fatores.

12 × **6**, onde os alunos podem fazer **2** × **6** × **6**, para **2** × **36**, ou **72**

6 × **8**, onde os alunos podem fazer **6** × **4** × **2**, para **24** × **2**, ou **48**

15 × **8**, onde eles podem fazer **3** × **5** × **8**, para **3** × **40**, ou **120**

12 × **13**, onde eles podem fazer **3** × **4** × **13**, para **3** × **52**, ou **156**

Depois que têm a ideia, muitos alunos irão aplicar naturalmente essa estratégia a números grandes, como:

- 81 × 25, que alguns irão modificar para 9 × 9 × 25, depois multiplicar 9 × 25 para obter 225 e então multiplicar 10 × 225 para 2250. Finalmente, irão subtrair 225 para obter 2025.

$$81 \times 25$$
$$(9 \times 9) \times 25$$
$$9 \times (9 \times 25)$$
$$9 \times 225$$
$$10 \times 225 = 2250$$
$$2250 - 225 = 2025$$

- 250 × 28, que alguns irão transformar em 25 × 10 × 28, depois multiplicar 10 × 28 para obter 280 e então multiplicar 280 × 25 pensando nisso como ¼ de 28000, ou 7000.

$$250 \times 28$$
$$25 \times 10 \times 28$$
$$10 \times 28 = 280$$
$$280 \times 25 \quad (100 \div 4 = 25)$$
$$280 \times 100 = 28000$$
$$28000 \div 4 = 7000$$

Estes são alguns outros problemas por onde você pode começar:

14 × **25**   **25** × **16**   **51** × **14**   **18** × **26**

Perguntas úteis para a estratégia de fatorar um dos termos da multiplicação

- Como você decidiu qual número fatorar?
- Como você decidiu quais fatores usar?
- Como fatorar_____ torna o problema mais fácil?
- Por que isto funciona?

3. Arredondar um termo de multiplicação e ajustar

Ao multiplicar mentalmente, arredondar um dos fatores para chegar a um múltiplo de 10 e depois compensar torna muitos problemas mais fáceis de resolver. Por exemplo, dado o problema 29×7, muitos alunos irão arredondar 29 para 30. Como 3 vezes 7 é 21, 30 vezes 7 é 210. Eles então têm 30 números 7, portanto, retiram 7 de 210 para uma resposta de 203.

$$29 \times 7$$
$$30 \times 7 = 210$$
$$- 7$$
$$\overline{203}$$

Além de tornar mais fácil transformar números "confusos" em números "favoráveis", essa estratégia também dá vida às propriedades distributiva e comutativa quando os alunos conseguem entender sua utilidade. Isso constrói as bases para o uso dessas propriedades com símbolos em álgebra em estudos posteriores.

Como escolher problemas que convidam os alunos a arredondar um termo da multiplicação e ajustar

Para encorajar o uso dessa estratégia de arredondar um fator e ajustar, escolhemos problemas em que um dos fatores é próximo de 10, como estes:

$$12 \times 9 \qquad 6 \times 19 \qquad 21 \times 7 \qquad 8 \times 13 \qquad 9 \times 23$$

Depois que os alunos sabem que podem arredondar um fator e depois ajustar, eles naturalmente aplicam essa estratégia com números maiores, como os seguintes:

$$28 \times 13 \qquad 27 \times 18 \qquad 48 \times 26 \qquad 39 \times 23 \qquad 197 \times 56$$

Dica de ensino

Mesmo que tenhamos intencionalmente escolhido problemas em que apenas um fator está próximo de uma potência de 10, os alunos às vezes arredondam os dois fatores. No entanto, depois de terem feito isso, pode ser difícil para eles descobrir como compensar os dois movimentos. Não se preocupe com isso, pois eles rapidamente perceberão que arredondar apenas um fator funciona mais eficientemente. Se arredondarem ambos, no entanto, será interessante e divertido – se não eficiente – descobrir como compensar. A investigação da representação geométrica no Capítulo 9 proporcionará aos alunos uma maneira interessante de pensar sobre isso.

Perguntas úteis para a estratégia de arredondar um termo da multiplicação e ajustar

- Como arredondar o fator para _____ tornou este problema mais fácil?
- Como você sabia o que subtrair (ou somar)?
- Como você decidiu qual fator arredondar?

Arredondar um termo da multiplicação e ajustar com frações e decimais

Esta estratégia pode funcionar com decimais ou frações, cuidadosamente escolhidos. Pensar em $3 \times 2\frac{7}{8}$, por exemplo, como $3 \times 3 - \frac{1}{8}$ torna o problema muito mais fácil.

$$3 \times 2\frac{7}{8}$$
$$3 \times \left(3 - \frac{1}{8}\right)$$
$$(3 \times 3) - \left(3 \times \frac{1}{8}\right)$$
$$9 - \frac{3}{8}$$
$$8\frac{5}{8}$$

Igualmente, $5 \times 1,99$ é mais facilmente resolvido como $5 \times 2 - 5(0,01)$.

Para convidar para essa estratégia, escolhemos problemas em que um dos fatores é um número inteiro e o outro é fácil de arredondar para um número inteiro.

$$5\frac{3}{4} \times 7 \quad 4\frac{11}{12} \times 9 \quad 8 \times 1\frac{5}{6} \quad 3 \times 5,8 \quad 6,97 \times 8 \quad 2 \times 11,95$$

4. Estratégia de dividir pela metade um dos números e duplicar o outro

A estratégia de dividir pela metade um dos números e duplicar o outro pode ser especialmente útil para tornar problemas de multiplicação mais fáceis de resolver. Por exemplo, 26 × 28 pode parecer assustador de resolver. Entretanto, se duplicamos o 26 e dividimos pela metade o 28, agora temos 52 × 14. Se isso ainda parecer um pouco assustador, podemos duplicar o 52 e dividir pela metade o 14, o que nos dá 104 × 7. Agora isso é muito fácil de ser pensado!

$$26 \times 28$$
$$52 \times 14$$
$$104 \times 7$$
$$728$$

O problema é que podemos *mostrar* aos alunos essa estratégia, e eles podem usá-la sem entender, mas, quando parece "funcionar" o tempo todo, deve haver uma razão, e queremos contribuir para que nossos alunos desenvolvam disposições para serem curiosos e indagarem sobre qual poderia ser esse motivo. Quando isso funciona? Quando não funciona? Encontrar sentido nessas ideias é fundamental para o raciocínio algébrico dos alunos – independentemente da sua série – portanto, esperamos que você invista um período da aula fazendo seus alunos aprenderem a buscar respostas a suas perguntas por meio da investigação. Para auxiliá-lo a colocar em prática essas investigações veja a seção "Isto vai funcionar sempre? Investigação 4: Dividir pela metade um dos números e duplicar o outro para realizar uma multiplicação", no Capítulo 9.

À medida que os alunos se tornam mais flexíveis com os números, acham muito fácil resolver o problema 52 × 14. Eles podem pensar em 50 × 14 como a metade de 1400, ou 700, depois multiplicar 2 × 14 para obter 28 e então somar 700 + 28, para um total de 728.

Como escolher problemas que convidam os alunos a usar a estratégia de dividir pela metade um dos números e duplicar o outro

No início, usamos problemas com combinações de fatores que podem ser facilmente divididos pela metade e duplicados para chegar próximo a um "número favorável":

8 × 13   4 × 17   6 × 13   8 × 25   22 × 9

Perguntas úteis para a estratégia de dividir pela metade um dos números e duplicar o outro

- Como você decidiu qual número duplicar e qual dividir pela metade?
- Por que isso tornou o problema mais fácil de ser pensado?

Dividir pela metade um dos números e duplicar o outro em operações com frações e decimais

Dividir pela metade e duplicar funciona bem com problemas decimais em que um número é fácil de dividir pela metade e dividir novamente. Por exemplo, dado o problema 0,36 × 0,8, alguns alunos dividem pela metade e duplicam para obter 0,72 × 0,4, depois 1,44 × 0,2, depois 2,88 × 0,1, o que deixa um problema fácil de ser pensado. Apresentamos aqui alguns outros problemas em que dividir pela metade e duplicar funciona muito bem:

0,8 × 1,2	0,64 × 0,08	3,26 × 0,08	7¼ × 4	3⅛ × 4
4,2 × 0,6	0,221 × 0,04	3½ × 8	16 × 6¼	

Essa não é uma estratégia eficiente para todas as operações com decimais e frações, mas você não precisará dizer isso aos alunos. Eles irão descobrir por conta própria!

Conectando aritmética e álgebra

Como você já viu, essas quatro estratégias dão vida às propriedades dos números reais (para uma lista delas, veja o Apêndice B). Se os alunos já tiveram muitas experiências em usá-las – e falar sobre – nas Conversas Numéricas, será mais fácil para eles encontrarem sentido nessas mesmas propriedades em álgebra, o que aparece assim em livros didáticos:

> A propriedade distributiva da multiplicação em relação à adição:
> $$a(b + c) = ab + ac$$

Essa notação não ajuda muito os alunos, mas, quando eles entendem como – e por que – as propriedades funcionam, por meio das Conversas Numéricas, só precisam associar o nome da propriedade ao que já entendem. O exemplo a seguir ilustra como os alunos começaram a entender a propriedade distributiva durante uma Conversa Numérica.

CONVERSAS NUMÉRICAS

79

18 × 5

Miguel:	Eu fiz 10 vezes 5 mais 8 vezes 5.
Prof.ª Ballon:	O que você obteve?
Miguel:	10 vezes 5 é 50.
Prof.ª Ballon:	E o que você obteve para 8 vezes 5?
Miguel:	40. Então 50 mais 40 é 90.

$$18 \times 5$$
$$10 \times 5 = 50$$
$$8 \times 5 = +40$$
$$\overline{90}$$

Prof.ª Ballon:	Os matemáticos têm um nome para o que vocês fizeram. Eles chamam de propriedade distributiva da multiplicação em relação à adição. (Ela registra isso no quadro.) Então, Miguel, você pensou em 18 como 10 mais 8 – está certo?
Miguel:	Sim.

A professora Ballon registra 10 + 8 e pergunta à classe se Miguel mudou o valor de 18.

$$18 \times 5$$
$$(10 + 8) \times 5$$

Prof.ª Ballon:	Então você distribuiu o 5 entre 10 e 8, primeiro multiplicando 5 vezes 10 e depois acrescentando 8 vezes 5. (Ela faz o registro enquanto diz isso.)

$$18 \times 5$$
$$(10 + 8) \times 5$$
$$(10 \times 5) + (8 \times 5)$$
$$50 + 40$$

Acho que outras pessoas usaram a propriedade distributiva também, mas alguns de vocês separaram 18 de forma diferente de como Miguel fez. Por exemplo, Marquis separou 18 em 9 mais 9, em vez de 10 mais 8. Vamos usar muito a propriedade distributiva da multiplicação em relação à adição e tentaremos observar quando fizermos isso.

Além disso, quero lhes mostrar outra maneira de pensar sobre isto mais visualmente, e é com algo que chamamos de configuração retangular.

Começamos com nosso 5 e nosso 18. Isso é denominado um modelo de área porque a área do retângulo é 5 vezes 18 ou, como descobrimos, 90.

O que Miguel estava pensando é: ele separou esse 18 em 8 e 10.

Prof.ª Ballon:	Vocês ainda veem o 18? (Os alunos concordam, acenando com a cabeça.) Onde está 10 vezes 5 na figura?
Max:	No quadro com o 5 e o 10. (A professora escreve 50 no retângulo.)
Prof.ª Ballon:	E quanto a 8 vezes 5?
Alunos:	No outro quadro.

Prof.ª Ballon:	Então esse modelo pode ser uma boa ferramenta para resolver problemas de multiplicação, independentemente de quão grandes são os números. Se eles forem números confusos, vocês podem simplesmente separá-los para formar números que sejam fáceis de pensar, registram as quantidades nas diferentes regiões e depois somam as quantidades.

(Nota: O momento ideal para apresentar os alunos às propriedades aritméticas é quando eles as utilizam por conta própria. De fato, acreditamos que o melhor momento para introduzir o vocabulário matemático é quando ele é usado para rotular uma ideia que os alunos já entendem.)

Phil Daro (2010), um dos principais autores da Common Core State Standards, observou recentemente: "Você não pode realmente fazer matemática mental sem

> ### Dica de ensino: FOIL
>
> Os alunos aprendem a multiplicar binômios usando o FOIL: *first, outside, inside, last* (sigla em inglês, representando as palavras: primeiro, fora, dentro, último.) A maioria dos estudantes nunca pensa em por que esse procedimento funciona e então são deixados sem ideia do que fazer quando houver três binômios para multiplicar – porque o FOIL não funciona. Fazer os alunos conectarem as representações geométricas e algébricas contribui para que vejam as verdadeiras relações envolvidas, de modo que possam aplicar o que sabem sobre binômios a outros tipos de problemas. Para mais sobre esse assunto, veja a seção "Representações Geométricas na Multiplicação", no Capítulo 9.

fazer álgebra. Esse é o raciocínio algébrico em seu nível mais puro". As Conversas Numéricas de multiplicação oferecem uma excelente oportunidade de ajudar os alunos a compreender as propriedades aritméticas que são essenciais para a matemática em todos os anos. Daro (2010) diz:

> As nove propriedades são os fundamentos para a aritmética e a preparação mais importante para a álgebra. Exatamente as mesmas propriedades funcionam para números inteiros, frações, números negativos, letras e expressões. Elas são as mesmas propriedades no 3º ano e em cálculo.

Alunos que vivenciaram Conversas Numéricas chegam à álgebra entendendo as propriedades aritméticas porque já as usaram repetidamente enquanto raciocinavam com números de maneiras que faziam sentido para eles. No entanto, isso não acontece de modo automático. Quando os alunos usam essas propriedades, uma de nossas tarefas como professores é contribuir para que conectem as estratégias que fazem sentido para eles com os nomes das propriedades que são o fundamento do nosso sistema numérico.

Nota

1 N. de R.T. **SMP2: Raciocinar abstrata e quantitativamente** (ver nota na página 11); **SMP3: Construir argumentos viáveis e ser capaz de interagir com o raciocínio dos outros** (ver nota na página 27); **SMP6: Cuidar da precisão** (ver nota na página 27).

6 A adição em todos os anos

A adição pode ser um bom lugar por onde começar suas Conversas Numéricas (depois dos cartões de pontos, é claro) se você achar que seus alunos têm pouca experiência com matemática mental e precisam desenvolver confiança. Embora estudantes mais jovens que ainda não estão atrelados ao algoritmo tradicional possam ficar entusiasmados com as diferentes maneiras de somar, talvez você descubra que seus alunos do final do ensino fundamental ou do ensino médio consideram que a adição é um tema das séries anteriores e, portanto, sentem-se como se estivessem em aulas de nivelamento. Contudo, você pode achar exatamente o contrário! Como sempre, você e seus alunos encontrarão o melhor caminho juntos.

> ### Uma observação sobre o registro: a reta numérica aberta
>
> Como você verá, frequentemente usamos uma *reta numérica aberta* como estratégia para registro durante as Conversas Numéricas, para fornecer aos alunos um modelo visual para seu pensamento.
>
> As retas numéricas abertas não têm escala e, assim, não se tem a intenção que sejam medidas acuradas das unidades. Ao contrário, os "saltos" podem ser aproximadamente proporcionais. O bom em relação a esse tipo de estratégia é que ela permite números muito grandes ou pequenos sem que seja preciso se preocupar com unidades.

Cinco estratégias para a adição

Parcela + Parcela = Soma

CONVERSAS NUMÉRICAS

83

A adição é intuitiva para as crianças pequenas, que, sem a nossa ajuda, conseguem inventar muitas das estratégias a seguir por conta própria. Escolhemos $63 + 28$ para demonstrar cinco estratégias de adição que funcionam de forma eficiente.

$$63 + 28$$

1. Arredondar e ajustar
"Arredondei 28 para 30. Então somei 30 e 63 e obtive 93. Depois tirei o 2 extra que eu havia acrescentado e obtive 91."

$$63 + 28$$
$$63 + 30 = 93$$
$$93 - 2 = 91$$

2. Tirar e dar
"Tirei 2 de 63 e dei para o 28, então montei o problema $61 + 30$; depois somei 61 e 30 e obtive 91."

$$63 + 28$$
$$63 + 28$$
$$61 + 30 = 91$$

3. Começar pela esquerda
"Somei 60 e 20 e obtive 80; então somei 3 e 8 e obtive 11; depois somei 80 e 11 e obtive 91."

$$63 + 28$$
$$60 + 20 = 80$$
$$3 + 8 \quad = +11$$
$$\overline{91}$$

4. Decompor uma das parcelas
"Somei 63 e 20 e obtive 83; então adicionei 8 e obtive 91."

$$63 + 28$$
$$63 + 20 = 83$$
$$+ 8$$
$$\overline{91}$$

ou

"Somei 60 e 28 e obtive 88; depois acrescentei mais 3 e obtive 91."

$$63 + 28$$

$$60 + 28 = 88$$
$$+ 3$$
$$\overline{91}$$

Com frequência, os alunos irão combinar estratégias, como fez este aluno, ao separar uma parcela e depois tirar e dar para terminar o problema: "Somei 63 e 20 e obtive 83; então tirei 7 do 8 e dei para o 83, e isso resultou em 90, então tudo o que eu tinha a fazer era somar 90 mais 1, e obtive 91."

$$63 + 28$$
$$63 + 20 = 83$$
$$\overset{\curvearrowleft 7}{83} + 8 = 90 + 1 = 91$$

5. Adicionar

"Comecei com 63, então adicionei 20 para chegar a 83; depois acrescentei mais 7 para chegar a 90; então adicionei o 1 que foi deixado para chegar a 91."

$$63 + 28$$

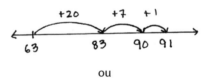

ou

"Comecei com 28 e adicionei 2 para chegar a 30; então somei 61 e obtive 91."

$$63 + 28$$

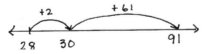

Outra estratégia, denominada trocar os dígitos, é útil com tipos de problemas muito específicos. Ela é tão intrigante – e suas propriedades subjacentes são tão importantes – que a colocamos no Capítulo 9, e não como uma investigação.

CONVERSAS NUMÉRICAS

Desenvolvendo as estratégias de adição em profundidade

1. Arredondar e ajustar

Arredondar uma parcela até um múltiplo de 10 e depois compensar/ajustar pode tornar a adição mais fácil de ser pensada e mais eficiente. Arredondar e ajustar é popular entre os alunos porque não envolve "transportar". É útil em todas as operações, e seu uso indica o crescimento da flexibilidade numérica.

Como escolher problemas que convidam os alunos a arredondar e ajustar

Para encorajar os alunos para essa estratégia, procuramos problemas nos quais uma das parcelas esteja próxima de um múltiplo de 10, 100, e assim por diante. No problema 13 + 59, por exemplo, esperamos que os alunos pensem em arredondar 59 para 60. Em geral, começamos com alguns problemas que adicionam os números 8 e 9 a um número de dois dígitos, como:

$$13 + 9 \qquad 24 + 8 \qquad 61 + 8 \qquad 43 + 9$$

Muitos alunos, então, usam prontamente essa estratégia para parcelas de dois dígitos que estejam próximos a um múltiplo de 10, como:

$$63 + 28 \qquad 71 + 39 \qquad 84 + 59 \qquad 42 + 19 \qquad 50 + 28$$

Então, com um número de três dígitos mais um número de dois ou três dígitos, procuramos parcelas com dois ou três dígitos que estejam próximos de 100:

$$134 + 99 \qquad 247 + 98 \qquad 315 + 97 \qquad 468 + 99$$

Gradualmente, você pode ir movendo a parcela para cada vez mais longe de um múltiplo, por exemplo, 54 + 28 ou 81 + 17. O tipo de problema que você escolher dependerá da prontidão e experiência dos seus alunos.

Perguntas úteis para a estratégia de arredondar e ajustar

- Por que você adicionou [200] em vez de [198]?
- Você adicionou a mais ou a menos?
- Por que você tirou _____?

Arredondar e ajustar com frações e decimais

Arredondar e ajustar números decimais e frações funcionam da mesma forma que os números inteiros. Para encorajar essa estratégia, usamos problemas em que uma parcela está próxima de um número inteiro. Apresentamos alguns exemplos de como variar seus problemas com decimais e frações:

Exemplo com decimais: 7,48 + 8,9

"Adicionei 0,1 a 8,9 para obter 9; depois adicionei 9 a 7,48 para obter 16,48. Então retirei o 0,1 extra que adicionei e obtive uma resposta de 16,38."

$$7,48 + 8,9$$
$$7,48 + 9,0 = 16,48$$
$$-0,10$$
$$16,38$$

Problemas por onde você pode começar:

6,36 + 1,8	8,9 + 0,57	7,48 + 3,9	23,762 + 0,98

Exemplo com frações: 2¼ + ⅞

"Somei 2¼ e 1 para obter 3¼. Depois retirei o ⅛ extra que havia acrescentado e obtive 3⅛."

$$2\frac{1}{4} + \frac{7}{8}$$
$$2\frac{1}{4} + 1 = 3\frac{1}{4} \quad \left(\frac{1}{4} = \frac{2}{8}\right)$$
$$3\frac{1}{4} - \frac{1}{8} = 3\frac{1}{8}$$

Problemas por onde você pode começar:

3½ + ¾	7½ + ⅞	3⅚ + ⅓	⅓ + ⁸⁄₉

2. Tirar e dar

Movimentar uma quantidade de uma parcela para outra é uma nova estratégia (alguns a chamam de *compartilhar*) que auxilia os alunos a se tornarem mais flexíveis com números. Embora já tenhamos visto alunos inventarem essa estratégia por conta própria, você pode apresentá-la, caso eles não a descubram (veja o Capítulo 2, "Considerações para Conversas Numéricas de sucesso," nº 10, para sugestões).

CONVERSAS NUMÉRICAS

Como escolher problemas que convidam os alunos a tirar e dar

Para encorajar esta estratégia, escolhemos problemas em que a parcela tenha o suficiente na posição das unidades para dar alguma coisa para outra parcela para torná-la um múltiplo de 10 ou 100, problemas como 23 + 19 (ou 23 + 18 ou 23 + 17).

Começamos com problemas em que uma das parcelas é um dígito único não distante de um múltiplo de 10, como:

16 + 8   18 + 6   29 + 7   14 + 7

Depois que os alunos entenderem como isso funciona, poderão usar a estratégia com números maiores, como estes:

46 + 98   89 + 45   146 + 197   478 + 88   298 + 156

Tirar e dar funciona para qualquer problema de adição, e os alunos facilmente aprendem a usar essa estratégia com flexibilidade depois que estiverem convencidos do seu valor.

Perguntas úteis para a estratégia de tirar e dar

- Como você decidiu o quanto movimentar?
- Como movimentar _____ para _____ tornou o problema mais fácil?
- Alguém usou a mesma estratégia, mas movimentou uma quantidade diferente?

Tirar e dar com frações e decimais

Esta estratégia funciona com decimais e frações de forma muito semelhante a como funciona com números inteiros. Com decimais, escolhemos problemas com uma parcela próxima a um múltiplo de 1 ou 10. Com frações, no entanto, escolhemos dois tipos de problemas: aqueles cujas parcelas têm o mesmo denominador e aqueles com uma parcela cujo denominador é um fator do denominador da outra parcela.

Exemplo de problema com decimais: 3,76 + 2,89

"Tirei 0,11 de 3,76 e coloquei em 2,89, então mudei o problema para 3,65 + 3, para uma resposta de 6,65."

3,76 + 2,89
0,11

3,76 + 2,89

3,65 + 3 = 6,65

Problemas por onde você pode começar:

23,54 + 17,97 8,9 + 0,56 31,67 + 18,88 3,8 + 1,44 2,96 + 5,37

Exemplo de problema com frações: $7\frac{2}{3} + 3\frac{5}{9}$

"Eu sabia que $\frac{3}{9}$ era $\frac{1}{3}$, então tirei $\frac{3}{9}$ de $3\frac{5}{9}$ e coloquei em $7\frac{2}{3}$. Isso mudou o problema para $8 + 3\frac{2}{9}$, para uma resposta de $11\frac{2}{9}$."

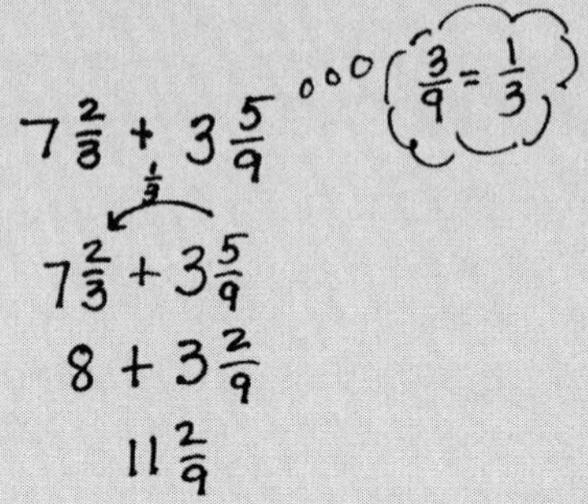

3/9 = 1/3
7 2/3 + 3 5/9
1/3
7 2/3 + 3 5/9
8 + 3 2/9
11 2/9

Problemas por onde você pode começar:

$2\frac{3}{4} + 6\frac{3}{4}$ $5\frac{3}{5} + 1\frac{7}{10}$ $6\frac{2}{5} + 3\frac{4}{5}$ $4\frac{2}{3} + \frac{5}{6}$ $7\frac{5}{8} + \frac{7}{16}$

3. Começar pela esquerda

Pesquisas mostraram que crianças pequenas naturalmente abordam a adição trabalhando da esquerda para a direita – somando, por exemplo, primeiro as centenas, depois as dezenas – mas abandonam essa inclinação natural quando encontram o algoritmo tradicional em que são ensinadas a trabalhar da direita para a esquerda (KAMII, 2000). Somar da esquerda para a direita ajuda os alunos a manter o valor dos dígitos e as quantidades gerais envolvidas. Considere, por exemplo, como um estudante pode pensar sobre 34 + 55:

> "Somei 30 e 50 e obtive 80; depois somei 4 e 5 e obtive 9; 80 mais 9 é 89."

Quando os alunos pensam em 3 como 30, o valor posicional dos dígitos não é perdido. Igualmente quando somam 3,6 + 2,3, os alunos que somam a partir da esquerda dizem: "3 mais 2 é 5; 6 décimos mais 3 décimos é 9 décimos. Então minha resposta é 5 e 9 décimos." Mais uma vez, no algoritmo tradicional, no entanto, o valor posicional fica perdido na prática da adição de colunas dos dígitos desconsiderando o valor posicional.

Como escolher problemas que convidam os alunos a começar pela esquerda

Para encorajar os alunos a começar pela esquerda, escolhemos problemas nos quais as parcelas *não* estão próximas de um múltiplo ou potência de 10. Estes problemas são exemplos típicos:

$$43 + 56 \quad 54 + 35 \quad 24 + 67 \quad 37 + 36 \quad 62 + 47$$

Depois que os alunos entendem como começar pela esquerda, prontamente aplicam a estratégia a problemas maiores como:

$$376 + 523 \quad 274 + 153 \quad 277 + 432 \quad 117 + 356 \quad 1834 + 2363$$

Perguntas úteis para a estratégia de começar pela esquerda

- Como você decidiu por onde começar?
- Como o valor posicional lhe ajudou a resolver este problema?
- Como você observou quando [70 e 50] era mais de 100?

Começar pela esquerda com frações e decimais

Começar pela esquerda funciona para decimais e frações de forma parecida como funciona com números inteiros. Entretanto, é provável que seja uma boa ideia que os alunos primeiro tenham experiência com esta estratégia usando números inteiros, devido à falta de compreensão geral que possuem do significado das partes fracionárias.

Para decimais, escolhemos problemas com parcelas que *não* estão próximos de múltiplos de 1 ou 10. Também misturamos problemas que requerem reagrupamento com aqueles que não o requerem. Para frações, começamos escolhendo parcelas com denominadores comuns ou aqueles em que um denominador é um fator do outro.

Exemplo de problema com decimais: 3,63 + 2,16

"3 mais 2 é 5. Então adicionei 0,6 [esperamos que eles digam *seis décimos* em vez de 0 vírgula 6] a 0,1 e obtive 0,7; depois 0,03 mais 0,06 é 0,09. Então minha resposta é 5,79."

$$3,63 + 2,16$$
$$3 + 2 = 5$$
$$0,6 + 0,1 = 0,7$$
$$0,03 + 0,06 = 0,09$$
$$5 + 0,7 + 0,09 = 5,79$$

> Problemas por onde você pode começar:
>
> **4,38 + 6,31   3,46 + 4,33   7,26 + 3,93   1,036 + 2,35**
>
> ## Exemplo de problema com frações: $3\frac{5}{8} + 7\frac{3}{8}$
>
> "3 mais 7 é 10; e ⅝ mais ⅜ é ⁸⁄₈, e isso é 1 inteiro, portanto a resposta é 11."
>
> $$3\frac{5}{8} + 7\frac{3}{8}$$
>
> $$3 + 7 = 10$$
> $$\frac{5}{8} + \frac{3}{8} = \frac{8}{8} = 1$$
> $$10 + 1 = 11$$
>
> Problemas por onde você pode começar:
>
> $3\frac{5}{9} + 5\frac{2}{9}$ $4\frac{3}{5} + 2\frac{3}{5}$ $1\frac{7}{8} + 6\frac{3}{4}$ $3\frac{1}{3} + 8\frac{5}{6}$

4. Decompor uma das parcelas

Adicionar um número a um múltiplo de 10 com facilidade auxilia os alunos a raciocinar de modo mais flexível com os números. Frequentemente precedido pela aprendizagem da adição de múltiplos de 10 (p. ex., 30 + 40), separar apenas uma das parcelas é uma evolução importante. Quase todos os problemas funcionam com esta estratégia. É importante lembrar que não há uma "melhor" maneira de fazer isso; os alunos irão decompor os números como fizer sentido para eles.

Como escolher problemas que convidam os alunos a decompor uma das parcelas

Quase todos os problemas de adição se prestam para separar uma parcela.

Aqui estão alguns problemas por onde você pode começar:

15 + 23   25 + 36   37 + 49   54 + 73   53 + 38   64 + 37

Depois que os alunos se sentirem à vontade para quebrar uma das parcelas, poderão fazê-lo também com problemas maiores. Alguns bons problemas por onde você pode começar são:

237 + 314   456 + 238   328 + 234   183 + 276   1457 + 523

Sobre o registro para destacar as propriedades dos números reais

Anteriormente, falamos sobre como as Conversas Numéricas usam as mesmas propriedades subjacentes à álgebra. A menos que tornemos essas propriedades explícitas para os alunos, eles não irão se dar conta do que estão fazendo, mas as propriedades são muito mais compreensíveis quando são conectadas ao raciocínio que os alunos já fizeram.

Considere o problema 56 + 47, quando um aluno disse isto sobre seu método: "Somei 47 e 50 e obtive 97; depois acrescentei o 6 que restou do 56 ao 97 e obtive 103."

Você tem várias opções diferentes para fazer o registro, incluindo a reta numérica aberta. Mas uma opção adicional é escolher usar o registro para destacar as propriedades da aritmética.

Descobrimos que é melhor, em primeiro lugar, registrar exatamente o que o aluno disse. Então, poderíamos fazer o registro assim:

$$56 + 47$$
$$50 + 47 = 97$$
$$\frac{+\ 6}{103}$$

Depois que o aluno concordou que aquele registro representa seu pensamento, você pode dizer algo como: "Você usou duas propriedades importantes quando resolveu o problema desta maneira. Vamos dar uma olhada."

$$56 + 47$$
$$(50+6) + 47$$
$$(6+50) + 47 \quad \text{propriedade comutativa da adição}$$
$$6 + (50+47) \quad \text{propriedade associativa da adição}$$
$$6 + 97$$
$$97 + 6 \quad \text{propriedade comutativa da adição}$$
$$103$$

Perguntas úteis para a estratégia de decompor uma das parcelas

- Como você decidiu qual número separar?
- Como adicionar _____ em vez de _____ tornou o problema mais fácil?
- Como você registrou mentalmente o que fez?
- Alguém usou a mesma estratégia, mas separou um número de maneira diferente?

Decompor uma das parcelas com frações e decimais

Esta estratégia pode funcionar com decimais com a mesma eficiência que funciona com números inteiros.

Exemplo de problema com decimais: 4,57 + 5,83

"Adicionei 4 a 5,83 e obtive 9,83; então somei 0,5 e obtive 10,33. Depois adicionei 0,07 e obtive 10,4."

$$4,57 + 5,83$$
$$5,83 + 4 = 9,83$$
$$+ 0,5$$
$$\overline{10,33}$$
$$+ 0,07$$
$$\overline{10,40}$$

Problemas por onde você pode começar:

0,23 + 0,57	**0,354 + 0,33**	**1,07 + 0,68**	**23,51 + 0,36**
	16,204 + 0,26	**13,38 + 0,73**	

Separar uma parcela permite que os alunos pensem em um número misto como a soma de um número inteiro e uma fração, o que funciona melhor com dois números mistos.

Exemplo de problema com frações: 3⅙ + 9⅔

"Adicionei 9 a 3⅙ e obtive 12⅙. Então, eu sabia que ⅔ é igual a 4/6, portanto somei 12⅙ e 4/6 para obter 12⅚. Portanto, minha resposta é 12⅚."

$$3\tfrac{1}{6} + 9\tfrac{2}{3} \quad \left(\tfrac{2}{3} = \tfrac{4}{6}\right)$$
$$3\tfrac{1}{6} + 9 = 12\tfrac{1}{6}$$
$$+ \tfrac{4}{6}$$
$$\overline{12\tfrac{5}{6}}$$

Para encorajar essa estratégia, em geral usamos dois números mistos cuja própria soma das frações é menos que 1 e cujos denominadores são relativamente favoráveis.

$$5\tfrac{5}{12} + 3\tfrac{1}{4} \qquad 2\tfrac{3}{8} + 2\tfrac{1}{4} \qquad 3\tfrac{5}{12} + 1\tfrac{1}{6} \qquad 7\tfrac{3}{10} + 4\tfrac{2}{5}$$

5. Adicionar

Somar está muito intimamente relacionado a separar uma parcela, mas, com a estratégia de somar, os alunos com frequência separam as parcelas em várias partes. Embora este método funcione com ou sem uma reta numérica, como você verá, fazer uso de uma pode auxiliar os alunos a visualizar a adição com números grandes e pequenos.

Como escolher problemas que convidam os alunos a adicionar

Adicionar funciona de forma eficiente para quase todos os problemas. Aqui estão alguns por onde você pode começar:

$$18 + 7 \qquad 19 + 6 \qquad 39 + 23 \qquad 68 + 27 \qquad 43 + 39 \qquad 16 + 59$$

Depois que estiverem confortáveis com o uso da estratégia de somar com números de dois dígitos, os alunos usarão a estratégia com problemas maiores, como:

$$258 + 36 \qquad 547 + 34 \qquad 546 + 28 \qquad 351 + 439 \qquad 1348 + 143$$

Perguntas úteis para a estratégia de adicionar

- Como você decidiu com qual número começar?
- Por que você saltou _____?
- Como você registrou os movimentos ou saltos que fez?

Adicionar com frações e decimais

Somar é uma estratégia que também funciona bem para decimais e frações. Para problemas com decimais, escolhemos, como com os números inteiros, problemas em que uma parcela esteja próxima de um múltiplo ou potência de 10 (neste caso, 100 ou 101).

Exemplo de problema com decimais: 1,09 + 0,83

"Comecei com 1,09 e adicionei 0,01 para chegar a 1,1, depois acrescentei 0,8 para chegar a 1,9 e depois somei 0,02 para chegar a 1,92."

$$1,09 + 0,83$$

$$1,09 + 0,01 = 1,1$$
$$+0,8$$
$$\overline{1,9} + 0,02 = 1,92$$

ou

Descobrimos que a reta numérica vazia mais visual é particularmente útil para registro quando os alunos usam a estratégia de somar para decimais:

1,09 + 0,83

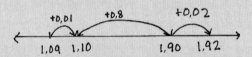

Outro aluno poderia dizer: "Comecei com 0,83 e adicionei 0,07 para chegar a 0,9; depois adicionei 1,02 para chegar a 1,92."
O registro seria assim:

1,09 + 0,83

Problemas por onde você pode começar:

0,97 + 0,34	0,38 + 0,57	0,63 + 0,29	1,059 + 0,223
	2,39 + 0,43	7,06 + 0,48	

Com frações, escolhemos parcelas com denominadores comuns ou em que o denominador seja o fator do outro denominador.

Exemplo de problema com frações: $2\frac{3}{4} + \frac{3}{4}$

"Comecei com $2\frac{3}{4}$ e acrescentei $\frac{1}{4}$ para chegar a 3; então sobrou $\frac{2}{4}$, mas eu sabia que $\frac{2}{4}$ era $\frac{1}{2}$, então acrescentei $\frac{1}{2}$ a 3 para chegar a $3\frac{1}{2}$."

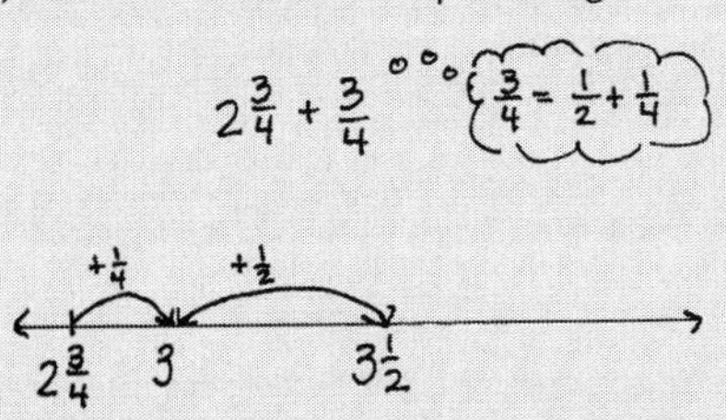

Problemas por onde você pode começar:

$3\frac{5}{9} + \frac{2}{3}$ $\quad 7\frac{5}{6} + \frac{11}{12}$ $\quad 3\frac{2}{3} + \frac{5}{6}$ $\quad 6\frac{5}{8} + 2\frac{3}{4}$ $\quad \frac{19}{12} + \frac{6}{7}$

Depois que você focar na subtração e adição com Conversas Numéricas, seus alunos provavelmente adotarão a ideia de que há muitas maneiras diferentes de resolver problemas aritméticos. E eles saberão que são capazes de encontrar sentido nos problemas da sua própria maneira. Tambem é provável que tragam o espírito da estimativa e investigação enquanto você avança para outras operações com Conversas Numéricas.

7 A divisão em todos os anos

Há mais de 30 anos, Richard Anderson, então presidente da Mathematical Association of America (Associação Americana de Matemática), palestrou em um encontro da American Association for the Advancement of Science (Associação Americana para o Avanço da Ciência), quando então previu que, "quando computadores e calculadoras atingirem a maioridade nas escolas, a divisão longa com lápis e papel provavelmente estará 'tão morta quanto um pássaro dodô'" (MAIER, 1982). Mais de uma década depois, Gene Maier (1982), do Math Learning Centre (Centro de Aprendizagem de Matemática), escreveu: "Divisão longa: morta como um pássaro dodô", onde ele, assim como Anderson, enfatizou que não há mais trabalho no mundo – nem um único trabalho – em que alguém faça uma divisão longa com lápis e papel; nenhum trabalho, isto é, além do ensino. Entretanto, mais de três décadas depois, ainda levamos até dois anos da educação básica em um método que é difícil de aprender e fácil de fazer de maneira incorreta. E, lamentavelmente, o significado de divisão, que é o que os alunos precisam aprender, se perde no processo.

Há alguns pequenos sinais de que está sendo feito progresso na direção da visão de Maier. Não há referência específica, por exemplo, à divisão de polinômios na Common Core State Standards. Talvez, em um futuro não muito distante, os estudantes serão aliviados da carga de ter de passar uma quantidade excessiva de tempo memorizando longos e complicados procedimentos matemáticos que não compreendem e que sempre são realizados por máquinas nos dias atuais. É empolgante pensar no tempo que os alunos ganhariam para jogar com ideias matemáticas e explorá-las enquanto se engajam na tarefa envolvente e empolgante do processo de conhecimento da matemática.

As Conversas Numéricas ajudam os alunos a entender o que, para muitos deles, foi perdido pelo foco na divisão como um procedimento mecânico. Por meio de Conversas Numéricas, os alunos encontram sentido na divisão (na operação – não no algoritmo tradicional) e, mantendo um foco nas relações entre as quantidades, aprendem a avaliar um problema para determinar uma resposta com uma "estimativa" razoável.

Como em outros capítulos sobre as operações, examinamos estratégias eficientes para números inteiros, frações e decimais. Algumas das estratégias para a divisão são diferentes das outras neste livro, porque, nestas, os alunos podem optar por registrar seu pensamento com lápis e papel. Registrar dessa maneira pode auxiliá-los a usar métodos que compreendem para resolver problemas que são muito grandes ou complexos para serem resolvidos inteiramente de cabeça. Fosnot e Dolk (2001) descrevem isso como pensar *com* a sua cabeça em oposição a pensar *na* sua cabeça. Apresentamos um modelo para o raciocínio com números grandes – denominado *fazer uma torre* – que os alunos raramente inventam sozinhos. Pedimos que eles o experimentem porque funciona de forma eficiente para problemas com grandes dividendos e/ou grandes divisores, revelando importantes relações matemáticas que queremos que eles compreendam.

Em vez de usarmos um exemplo de problema para demonstrar as várias estratégias para divisão, selecionamos diferentes problemas para destacar como cada uma delas pode ser utilizada, porque estratégias específicas funcionam melhor com diferentes tipos de problemas.

Cinco estratégias para a divisão

> Dividendo ÷ Divisor = Quociente

1. Em vez de dividir, multiplicar: 17 ÷ 3

"Sei que 3 vezes 5 é 15, então tenho cinco grupos de 3; então ainda restam 2; portanto, a minha resposta é 5, e restam 2."

"Fiz da mesma maneira e obtive 5 grupos, mas eu disse que restam 2 que não irão formar outro grupo de 3, apenas 2 de 3, então minha resposta é 5⅔."

2. Tirar uma parte: 643 ÷ 30

"Eu disse que 10 vezes 30 é 300, então 20 vezes 30 é 600, então tirei 20 grupos de 30 (ou 600) de 643 e restou 43. Retirei mais um grupo de 30 e me restou 13, então acrescentei 20 [grupos de 30] e 1 [grupo de 30] e obtive 21 grupos de 30 com 13 restando de outro grupo de 30. Então minha resposta é 21¹³⁄₃₀."

$$\begin{array}{r|l}
643 & 30 \\
-600 & 20 \\
\hline
43 & 1 \\
-30 & \\
\hline
13 &
\end{array}$$

(Handwritten notes: "20 vezes 30 é 600"; "1 vez 30 é 30"; "restam 13 de 30")

(Obs.: ao registrar essa estratégia, o quociente é determinado pela soma do número de grupos que foram subtraídos e depois escrevendo isso no alto, conforme mostrado.)

3. Fazer uma torre: 531 ÷ 13

"Comecei fazendo uma torre de múltiplos de 13: 13, 26, 39, 52. Multipliquei 52 por 10 e obtive 520, então formei 40 grupos de 13, ou 520, e me restou 11. Assim eu tinha 40 grupos de 13, restando 13. Portanto, minha resposta é $40^{11}\!/_{13}$."

"Torre" de 13s

$$\begin{aligned}
\times 40 \quad & 520 \\
\times 4 \quad & 52 \\
\times 3 \quad & 39 \\
\times 2 \quad & 26 \\
\times 1 \quad & 13
\end{aligned}$$

$$531 \div 13$$

$$\begin{array}{r|l}
531 & 13 \\
-520 & 40 \\
\hline
11 &
\end{array}$$

$$40\frac{11}{13}$$

4. Reduzir pela metade e pela metade: 128 ÷ 32

"Reduzi pela metade ambos os números e mudei o problema para 64 dividido por 16; depois novamente reduzi os dois pela metade e obtive 32 dividido por 8; então fiz isso mais uma vez e obtive 16 dividido por 4. Eu sabia que havia quatro números 4 em 16, portanto, minha resposta é 4."

$$128 \div 32$$
$$= 64 \div 16$$
$$= 32 \div 8$$
$$= 16 \div 4$$
$$\boxed{4}$$

> ## Uma observação sobre os símbolos para a divisão
>
> Para ajudar os alunos a interpretar de forma flexível os símbolos para divisão, gostamos de alternar o uso dos símbolos de divisão nas Conversas Numéricas. Os estudantes ficam facilmente confusos sobre quais os números estão sendo divididos, portanto, é bom variar os símbolos e reforçar como cada expressão de divisão seria lida em palavras.
>
> Por exemplo, pense em como seus alunos interpretariam este problema:
>
> $$3 \div 15$$
>
> Isto é lido corretamente como "3 dividido por 15", mas os alunos com frequência interpretam como "3 em 15", porque a maior parte da sua experiência como estudantes é com a representação apresentada aqui:[1]
>
> $$3\overline{)15}$$
>
> Dependendo da experiência de seus alunos, também é importante usar a barra da fração para indicar divisão e preparar o caminho para seu uso quase exclusivo em álgebra. Assim, $\frac{3}{15}$ poderia ser corretamente lido como "3 e 15 avos" ou "3 dividido por 15".

Desenvolvendo estratégias de divisão em profundidade

1. Em vez de dividir, multiplicar

Em vez de dividir, multiplicar destaca a relação entre a multiplicação e a divisão. Essa estratégia pode tornar esta última mais acessível, porque se baseia em relações que os alunos já conhecem.

Como escolher problemas que convidam os alunos a em vez de dividir, multiplicar

Começamos procurando problemas em que o dividendo seja um múltiplo, ou próximo de um múltiplo, do divisor e que também se baseie nos fatos de multiplicação que os alunos provavelmente conhecem. Em geral, começamos com alguns problemas como:

$$15 \div 3 \qquad 21 \div 5 \qquad 17 \div 3 \qquad 19 \div 6 \qquad 27 \div 4 \qquad 18 \div 4$$

Os alunos então usam esta estratégia para outros problemas com divisor de um e dois dígitos, como:

$$50 \div 7 \qquad 154 \div 12 \qquad 84 \div 9 \qquad 66 \div 8 \qquad 60 \div 15 \qquad 29 \div 14$$

Perguntas úteis para a estratégia de em vez de dividir, multiplicar:

- Por que você multiplicou _____ por _____?
- O que você decidiu fazer com o resto?
- Alguém pensou no resto de uma maneira diferente?
- Por que faria sentido usar multiplicação para resolver um problema de divisão?

Em vez de dividir, multiplicar está listado em primeiro lugar aqui porque é uma estratégia que os alunos usam naturalmente quando começam a pensar sobre o que significa a divisão. Entretanto, como se baseia em múltiplos, ela não é eficiente para resolver problemas com decimais e frações.

2. Tirar uma parte

Tirar uma parte é outra estratégia que os alunos tendem a inventar por conta própria quando têm a oportunidade de raciocinar sobre a divisão. Isso pode ser muito útil porque podem retirar *partes* que, para eles, são fáceis de pensar, e então lhes resta uma quantidade menor para resolver. Por exemplo, dado o problema $276 \div 13$, um aluno pode remover (ou retirar) vinte vezes 13 (ou 260), deixando 16, e então retirar mais 13, para uma resposta de 21 grupos de 13, restando $\frac{3}{13}$ ou $21\frac{3}{13}$. A estratégia de subtrair uma parte é muito útil quando se trata de fazer a estimativa da resposta para um problema de divisão.

Como escolher problemas que convidam os alunos a usar a estratégia de tirar uma parte

Para encorajar tirar uma parte, em geral começamos com divisores com um dígito e dividendos que estejam próximos a 10 vezes o divisor, mas que sejam maiores que ele. Problemas como estes podem ser usados para começar:

$$32 \div 3 \qquad 43 \div 4 \qquad 87 \div 8 \qquad 76 \div 7 \qquad 53 \div 5 \qquad 97 \div 9$$

Depois que os alunos estão confortáveis, sabendo que podem retirar quantidades enquanto resolvem um problema de divisão, eles usarão esta estratégia com problemas de divisão maiores. Para encorajar isso, escolhemos problemas em que o dividendo está próximo de um múltiplo de 10 vezes o divisor, como os seguintes:

$$63 \div 20 \qquad 273 \div 13 \qquad 468 \div 40 \qquad 283 \div 14 \qquad 246 \div 12$$

Esta estratégia funciona de forma eficiente para qualquer problema de divisão, independentemente do seu tamanho. Por exemplo, dado o problema $23573 \div 21$, um aluno pode tirar mil vezes o número 21, ou 21000, restando 2573, e pode então tirar 100 vezes o número 21, ou 2100, restando 473. Depois ele pode facilmente tirar 20 vezes o número 21, ou 420, restando 53; então tirar dois números 21, restando 11, para uma resposta de 1122 $^{11}/_{21}$. Mais uma vez, ao resolver problemas grandes, é aceitável que os alunos registrem seus movimentos no papel.

$$1122 \frac{11}{21} \approx 1122 \frac{1}{2}$$

Perguntas úteis para a estratégia de tirar uma parte

- Como você decidiu qual parte tirar?
- Como você registrou o resto?
- Como você decidiu o que tirar a seguir?

Tirar uma parte com decimais

Tirar uma parte pode de forma rápida tornar-se complicado com decimais. Embora isso não seja em geral útil para respostas precisas, problemas bem escolhidos podem proporcionar aos alunos muita prática em pensar sobre as relações do valor posicional e em multiplicação mental por potências e múltiplos de 10.

Para maximizar o potencial desta estratégia e evitar que os cálculos fiquem muito confusos, escolhemos divisores com uma casa decimal e dividendos que compreendem números inteiros de dois ou três dígitos.

Ficamos surpresos com o quanto esses problemas podem ser interessantes, e esperamos que você os explore por conta própria, como o fizemos.

Exemplo de problema: 949 ÷ 8,5

"10 vezes 8,5 é 85, então subtraí 10 vezes 8,5; ou 850, restando 99. Depois tirei outras 10 vezes 8,5; ou 85, e fiquei com 14. Depois tirei mais 8,5. Então usei 111 vezes o número 8,5 e o resto foi 5,5; então achei que minha resposta seria aproximadamente 111⅔. (Para mais sobre o dilema de incluir uma fração ao resolver um problema de divisão decimal, veja a estratégia reduzir pela metade e pela metade, mais adiante.)

$$949 \div 8,5$$

Problemas por onde você pode começar:

$$134 \div 0,5 \qquad 56 \div 0,2 \qquad 14 \div 0,3 \qquad 18 \div 0,4$$

Problemas para ampliar a aprendizaem:

$$13,7 \div 0,3 \qquad 14,8 \div 0,4 \qquad 3,75 \div 0,6 \qquad 72,3 \div 0,7$$

(Obs.: descobrimos que tirar uma parte, embora seja interessante de brincar, não é eficiente ou útil com frações.)

3. Fazer uma torre

Fazer uma torre é uma estratégia que não vimos os alunos inventarem, mas pode tornar muitos problemas de divisão mais fáceis de resolver quando não for fácil encontrar múltiplos do divisor. Você pode compartilhá-la com eles como uma estratégia que você experimentou ou que tomou conhecimento por outra pessoa. Esta é uma estratégia que vimos pela primeira vez no currículo *Investigations in Number, Data and Space* (KLIMAN et al., 1996), e que já vimos alunos usarem com facilidade. Por exemplo, dado o problema $529 \div 17$, eles fazem uma "torre" de múltiplos de 17, ou 17, 34, 51. Com 51, eles têm três vezes 17, e, se multiplicarem isso por 10, têm 30 vezes 17, ou 510. Eles podem subtrair 510 de 529, restando 19 e depois tirar mais 17, encontrando como resposta $31^{2}/_{17}$.

A "torre" é uma coluna de múltiplos do divisor. Os alunos usam a torre para decidir qual múltiplo do divisor subtrair a cada vez. Eles podem fazer isso de muitas maneiras diferentes; não é importante que subtraiam o maior múltiplo possível a cada vez. Se pressioná-los a sempre encontrar o maior múltiplo, então o processo se transformará em apenas outro algoritmo a ser experimentado a seguir. Os alunos precisam encontrar sentido na divisão do seu próprio jeito. Veja, por exemplo, como outro aluno resolveu esse problema:

"Comecei a fazer uma torre de números 17: fiz 17, 34 e então percebi que era fácil fazer 10 vezes 17, assim, saltei para 170. Então tirei 170 e fiquei com 359. Depois tirei outro 170 e outro 170, e isso me deixou com 19. Então tirei mais um 17. Assim, ao todo eu tirei 31 vezes 17, e restou 2, portanto, minha resposta é $31^{2}/_{17}$."

Geralmente são necessárias várias tentativas para que os alunos se tornem mais experientes em como usar a torre de forma mais eficiente.

Como escolher problemas que convidam os alunos a fazer uma torre

Para encorajá-los a usar a estratégia de fazer uma torre, frequentemente escolhemos problemas nos quais o dividendo esteja próximo de múltiplos ou potências de 10 do divisor.

Problemas por onde você pode começar:

211 ÷ 7   186 ÷ 6   39 ÷ 12   410 ÷ 13   530 ÷ 17   271 ÷ 13

Depois que os alunos usaram com sucesso a estratégia de fazer uma torre, eles rapidamente a aplicarão a problemas maiores, como:

856 ÷ 21   1815 ÷ 15   1920 ÷ 16   578 ÷ 23   5612 ÷ 17

Perguntas úteis para a estratégia de fazer uma torre

- Como você decidiu onde parar na sua torre?
- Quantos _____ você tinha quando parou?
- Por que você agora tem _____ grupos (do divisor)?
- Quantos grupos você usou ao todo?

Fazer uma torre com decimais

Fazer uma torre com decimais funciona da mesma forma que com números inteiros, mas, embora essa possa ser uma maneira eficiente de se obter uma estimativa do quociente, subtrair grupos de múltiplos frequentemente resulta em problemas de subtração um tanto confusos e em restos que podem ser difíceis de determinar.

Exemplo de problema: 46 ÷ 2,03

"Fiz uma torre de dois múltiplos de 2,03: 2,03; 4,06. Depois, multipliquei 4,06 vezes 10, o que me deu 20 grupos de 2,03; ou 40,6. Tirei isso de 46 e me restou 5,4; então tirei mais 2 grupos de 2,03; ou 4,06; o que me deixou com 1,43 como resto. Portanto, minha resposta é 22 e um pouco mais que ½."

$$46 \div 2,03$$

$$
\begin{array}{ll}
\times 20 & 40,6 \\
\times 2 & 4,06 \\
\times 1 & 2,03
\end{array}
$$

$$
\begin{array}{r|l}
46 & 2,03 \\
-40,6 & 20 \\
\hline
5,4 & +2 \\
-4,06 & 22 \\
\hline
1,34 &
\end{array}
$$

$$22\frac{1,34}{2,03} \approx 22\frac{1}{2}$$

Não achamos que esta seja uma estratégia útil com divisores fracionários, mas você pode encontrar alguma coisa na qual não tenhamos pensado!

4. Reduzir pela metade e pela metade

Depois que os alunos descobrem que, com a multiplicação, eles podem dobrar um fator e reduzir pela metade o outro, é comum que tentem fazer o mesmo com a divisão, e então se perguntam por que suas respostas não fazem sentido. Essa é uma oportunidade perfeita para transformar uma Conversa Numérica em uma lição em que os alunos investigam por que dobrar um e reduzir pela metade o outro não funciona com a divisão (veja o Capítulo 9).

> ### Uma observação sobre reduzir pela metade e pela metade
>
> Reduzir pela metade o divisor e o dividendo pode tornar muitos problemas de divisão mais fáceis de resolver, ou seja, transformar um problema em outro mais fácil. No entanto, quando essa estratégia é usada, é importante observar como o resto muda. Você irá notar que, quando são reduzidos pela metade os dois números, o resto será uma fração equivalente, mas, ao ser usado o termo *resto* em uma forma de não fração, a intepretação do resto pode ser delicada.

Exemplo: 58 ÷ 4

"Dividi 58 e o 4 por 2 e mudei o problema para 29 ÷ 2. Sei que a metade de 28 é 14 e que a metade de 2 é 1, portanto, minha resposta é 14½."

$$58 \div 4$$
$$29 \div 2$$
$$14\tfrac{1}{2} \div 1$$

Observe que 58 ÷ 4 é 14¾. As respostas são equivalentes neste caso. Ao usar o termo *resto*, no entanto, 58 ÷ 4 é 14 com resto 2, enquanto que 29 ÷ 2 é 14 com resto 1.

> Ao dividir números que estão fora de contexto, os alunos devem expressar o resto como frações ou frações decimais. Porém, quando um problema de divisão estiver apresentado em um contexto, a forma como você lida com o resto faz diferença, porque a resposta a um problema de divisão pode ser diferente. Por exemplo, dado o problema 13 ÷ 14, a resposta pode ser 3, 3¼, 3,25 ou 4, dependendo do contexto. Se 13 balões são divididos igualmente entre 4 crianças (13 ÷ 4), quantos balões cada criança receberá? Três. Se 13 *brownies* são divididos igualmente entre 4 crianças, quantos cada uma irá ganhar? 3¼. Se R$ 13 forem divididos igualmente entre 4 crianças, quanto cada uma ganhará? R$ 3,25. Se 13 estudantes estão indo para uma viagem de campo e cada carro tem espaço para 4 estudantes, quantos carros serão necessários? 4. Assim, tecnicamente, a resposta a um problema de divisão deve ser: "Isso depende do contexto".

Como escolher problemas que convidam os alunos a usar a estratégia de reduzir pela metade e pela metade

Para encorajar o uso de reduzir pela metade e pela metade, escolhemos problemas em que tanto o divisor quanto o dividendo são divisíveis por 2. Podemos começar com problemas como os seguintes:

26 ÷ 4   52 ÷ 4   128 ÷ 8   192 ÷ 24   288 ÷ 16   46 ÷ 4

Você acha que esta estratégia pode ser estendida para outros números diferentes de 2? Por exemplo, reduzir ⅓ e ⅓? Investigue para descobrir. Veja a seção

"Isto vai funcionar sempre? Investigação 5: reduzir pela metade e pela metade na divisão", no Capítulo 9.

Depois que os alunos têm noção de que podem tornar os problemas mais fáceis, com frequência adotam essa estratégia como sua primeira abordagem para os problemas de divisão, especialmente se o divisor tiver mais de um dígito. Problemas como estes são bons de experimentar com seus alunos:

$$364 \div 16 \qquad 278 \div 12 \qquad 1280 \div 24 \qquad 1464 \div 28 \qquad 321 \div 12$$

A estratégia de reduzir pela metade e pela metade pode despertar um interesse de investigar as regras de divisibilidade porque os alunos agora terão um interesse em determinar de forma rápida se alguma das regras de divisibilidade se aplica aos números com os quais estão trabalhando.

Perguntas úteis para a estratégia de reduzir pela metade e pela metade

- Como você determinou se ambos os números eram divisíveis por _____ ?
- Como isso tornou o problema mais fácil?
- Como registrou o que você fez?

Reduzir pela metade e pela metade com frações e decimais

Reduzir pela metade e pela metade funciona com decimais assim como com números inteiros, embora, na investigação de reduzir pela metade, no Capítulo 9, os alunos descobrirão que é duplicando e duplicando que se torna os problemas com decimais mais fáceis. Além disso, multiplicar o divisor e o dividendo por uma potência de 10 é uma bela maneira de os alunos descobrirem por que o algoritmo tradicional funciona (mas, por favor, não diga isso a eles!).

Exemplo de problema com decimais: $35 \div 0,5$

"Multipliquei os dois números por 2 e mudei o problema para 70 dividido por 1. Portanto, minha resposta é 70."

$$35 \div 0,5$$
$$70 \div 1$$
$$70$$

Exemplo de problema: 2,6 ÷ 0,2

"Multipliquei os dois números por 10, então meu novo problema é 26 ÷ 2. Eu sabia que havia 13 números 2 em 26, então, minha resposta é 13."

$$2,6 \div 0,2$$
$$= 26 \div 2$$
$$= 13$$

Exemplo de problema: 1,35 ÷ 0,03

"Multipliquei os dois números por 100 e mudei o problema para 135 ÷ 3. Então fiz uma torre de 3: 3, 6, 9, 12 e depois multipliquei 12 vezes 10, para obter 120. Em seguida, tirei 40 grupos de 3, ou 120, e isso me deixou com 15. Então tirei mais 5 grupos de 3, portanto, minha resposta é 45."

$$\times 40 \quad 120$$
$$\times 4 \quad 12$$
$$\times 3 \quad 9$$
$$\times 2 \quad 6 \qquad 1,35 \div 0,03$$
$$\times 1 \quad 3 \qquad = 135 \div 3$$

$$\begin{array}{r|l} 135 & 3 \\ -120 & 40 \\ \hline 15 & +5 \\ -15 & \overline{45} \\ \hline 0 & \end{array}$$

Conforme visto nos problemas anteriores, a estratégia de reduzir pela metade e pela metade é maravilhosa para auxiliar os alunos a entenderem como e por que o decimal troca os lugares nos problemas de divisão. Entretanto, a estratégia também pode resultar em raciocínio complicado, se ainda for esperado que eles usem o algoritmo tradicional para os problemas tradicionais de divisão longa. Considere as questões a seguir.

Exemplo de problema: 13,57 ÷ 0,6

"Multipliquei os dois números por 100, então meu novo problema é 1357 ÷ 60. Tirei 20 grupos de 60, ou 1200, e sobrou 157. Então tirei 2 grupos de 60, ou 120, e me restou 37, portanto, minha resposta é $22^{37}/_{60}$, ou aproximadamente $22\frac{2}{3}$."

$$13,57 \div 0,6$$
$$= 1357 \div 60$$

$$\begin{array}{r|l} 1357 & 60 \\ -1200 & 20 \\ \hline 157 & +2 \\ 120 & \overline{22} \\ \hline 37 & \end{array}$$

$$22\frac{37}{60} \approx 22\frac{2}{3}$$

No exemplo dado, a estratégia ainda é uma maneira útil de determinar de forma rápida uma resposta aceitável – em vez de exata. Você irá decidir se é possível que a resposta a um problema de divisão com decimal inclua uma fração.

Reduzir pela metade e pela metade funciona com frações também, porque um divisor fracionário pode ser mudado para um número inteiro.

Exemplo de problema: $\frac{1}{3} \div \frac{1}{6}$

"Multipliquei $\frac{1}{6}$ por 6 para fazer o divisor 1; depois multipliquei $\frac{1}{3}$ por 6, então obtive $\frac{6}{3} \div 1$, para uma resposta de 2."

Exemplo de problema: $\frac{1}{2} \div \frac{2}{3}$

"Multipliquei $\frac{2}{3}$ por 3 para fazer o divisor $\frac{6}{3}$, ou 2. Depois multipliquei $\frac{1}{2}$ por 3. Então obtive $\frac{3}{2} \div 2$ e minha resposta foi $\frac{3}{4}$."

$$\times 3 \left(\frac{1}{2} \div \frac{2}{3} \right) \times 3$$
$$\frac{3}{2} \div \frac{6}{3}$$
$$= \frac{3}{2} \div 2$$
$$= \frac{3}{4}$$

Ou

"Multipliquei $\frac{2}{3}$ por $\frac{3}{2}$ para fazer o divisor 1; então multipliquei $\frac{1}{2}$ por $\frac{3}{2}$, e minha resposta foi $\frac{3}{4}$."

$$\times \frac{3}{2} \left(\frac{1}{2} \div \frac{2}{3} \right) \times \frac{3}{2}$$
$$\frac{3}{4} \div 1$$
$$\frac{3}{4}$$

A estratégia de reduzir pela metade e pela metade está intimamente relacionada com a estratégia de dividir por um, que está em investigação no Capítulo 9.

As várias estratégias para a divisão de números inteiros, frações e decimais permitem que os alunos encontrem sentido na divisão e não fiquem presos apenas ao algoritmo tradicional ou a um exemplo em que se basear. O mais importante, as Conversas Numéricas possibilitam nos mantermos fiéis à mensagem de que todos podem encontrar sentido na matemática – mesmo na divisão.

Nota

1 N. de R.T. A representação norte-americana de divisão é feita com o divisor à esquerda e o dividendo à direita, dentro da barra de divisão. Como o significado da ordem dos números é diferente nas representações $3 \div 15$ e $3\overline{)15}$, na primeira significando 3 dividido por 15 e na segunda, 15 dividido por 3, os alunos que estão começando a trabalhar com divisão podem se confundir com as representações.

Encontrando sentido nas frações (nos decimais e nas porcentagens)

8

Certo dia, quando Cathy estava trabalhando com alunos do 6º ano para auxiliá-los a encontrar diferentes maneiras de comparar frações, a classe estava estranhamente passiva – e quase taciturna. Por fim, ela parou e perguntou o que estava errado. Depois de mais ou menos 1 minuto, Anthony falou e, embora isso tenha acontecido alguns anos atrás, suas palavras ainda estão gravadas em sua mente: "Srta. Humphreys, tivemos frações no 3º, 4º e 5º anos. Não entendemos na época, e não vamos entender agora – e não queremos estudá-las mais!". Não ser capaz de *entender* frações fez Anthony sentir-se fracassado – e quem quer trabalhar com matérias que fazem nos sentirmos assim?

Entretanto, para o sucesso no ensino médio, não há como evitar as frações. Alunos que estão tendo sucesso em aprender conceitos complexos em álgebra, trigonometria e cálculo podem ser confundidos por uma fração no meio de uma equação. Katie, uma jovem na classe de álgebra 2 de Cathy, era extrovertida e conscienciosa; estava cursando inglês avançado e história, era ativa nas atividades do grêmio estudantil. Contudo, sua confiança ficava abalada quando ela entrava na classe de matemática, e a visão de uma fração a deixava paralisada. Certo dia, ela chamou Cathy para auxiliá-la a resolver esta equação:

$$0 = \left(\frac{3}{4}\right) \cdot 2 + b$$

Katie:	O que *isto* [apontando para (¾)·2] significa?
Cathy, achando que Katie estava apenas confusa com a notação:	Significa multiplicar ¾ por 2.
Katie:	Não sei resolver frações! Eu multiplico 3 e 4 por 2?

A maioria dos professores dos anos finais do ensino fundamental e do ensino médio já teve experiências semelhantes com seus alunos. Sem entender as relações fracionárias, os alunos têm apenas sua memória como recurso e, como assinalam Van de Walle e Lovin (2006, p. 88): "Quando misturadas, a miríade de regras para o cálculo de frações torna-se um emaranhado sem sentido [...]". A compreensão que os estudantes têm dos decimais e porcentagens encontrou um destino similar; as regras sobre o movimento das casas decimais – quais movimentar, quantas casas e em qual direção – ficam tão embaralhadas nas mentes que as quantidades envolvidas são perdidas.

Este capítulo, portanto, tem um objetivo e estrutura diferentes dos capítulos sobre operações com números inteiros. Como a compreensão das relações fracionárias apoia a compreensão dos decimais e porcentagens, dedicamos a maior parte dele a ideias para apoiar o entendimento das frações. Depois disso, examinamos de forma breve como algumas dessas mesmas ideias se aplicam e se estendem aos decimais. Por fim, há uma curta seção sobre como encontrar a porcentagem de um número e como compreendê-la.

Pensando sobre frações

Nosso objetivo principal nas Conversas Numéricas a seguir é apoiar a frágil compreensão que a maioria dos estudantes de nível superior tem do *significado* das frações. Estudantes cujas experiências foram principalmente procedurais – o que neste momento significa a maioria dos nossos alunos – adquiriram o hábito de ver uma fração como dois números não relacionados (o numerador e o denominador) em vez de como *um número*: uma relação entre essas duas quantidades. Katie, por exemplo, não pensava em ¾ como uma quantidade que é um pouco menos do que 1; ela via o 3 e o 4 como números discretos e não relacionados. Essa lamentável tendência pode estar relacionada de forma direta com os algoritmos tradicionais para adição, subtração, multiplicação e divisão de frações que ensinam os alunos a usar os numeradores e os denominadores separadamente. Assim, as Conversas Numéricas neste capítulo visam facilitar os alunos a desenvolverem um senso de quantidade para frações, decimais e porcentagens.

Você vai ouvir menos *vozes* de alunos neste capítulo e, como estudantes em todos os anos sofrem do mesmo pensamento embaralhado sobre frações, não fizemos muita coisa neste capítulo para "estender" o pensamento para problemas mais desafiadores. Ele é voltado para a construção dos alicerces – como sempre, você será o melhor juiz de quais destas Conversas Numéricas mais beneficiarão seus alunos.

Conversas Numéricas: "maior ou menor?"

Nas Conversas Numéricas "maior ou menor?" e "próximo de", não nos preocupamos com conversas exatas, nosso objetivo é fazer os alunos estimarem o tamanho de uma fração em relação aos parâmetros de ½ e 1. Também não estamos aqui procurando desenvolver estratégias sofisticadas para estimativas; ao contrário, nosso foco está em facilitar os alunos a desenvolverem uma intuição sobre as frações.

Em "maior ou menor?", os alunos decidem se uma fração é maior ou menor que ½. O exemplo a seguir mostra como a Conversa Numérica se desenvolveu em uma turma do 7º ano.

Maior ou menor que ½?

Prof. Jordan: Para esta Conversa Numérica, vou colocar uma fração no quadro. Quando fizer isso, gostaria que vocês decidissem se ela é maior ou menor que ½ e que estejam prontos para explicar como sabem disso.

O Prof. Jordan escreve ⅝ no quadro. Os polegares dos alunos se erguem quase que imediatamente. Quando ele pede a resposta, Megan diz: "Maior".

Prof. Jordan: Maior que o quê?
Megan: Maior que ½.
Prof. Jordan: Alguém encontrou uma resposta diferente? (Ninguém.)
Prof. Jordan: Quem gostaria de explicar como pensou sobre isto?
Andie: 4 é a metade de 8, e 5 é maior que 4, então ⅝ é maior.
Prof. Jordan: Por que 4 é importante neste problema?
Andie: Como ⁴⁄₈ é exatamente ½, então ⅝ tem de ser maior que ½.

O Prof. Jordan, que também poderia pedir que outro aluno explicasse o pensamento de Andie, decide continuar com outro método.

Prof. Jordan: Quem pensou nisso de uma maneira diferente?
Sam: Eu dupliquei 5 – então 5 mais 5 é 10, e 10 é maior que 8, então ⅝ tem de ser maior.

> *O Prof. Jordan agora queria que os alunos articulassem ideias gerais para maneiras rápidas de avaliar o tamanho de uma fração.*

Prof. Jordan: Alguém pode descrever em que aspectos o método de Sam e o método de Andie são semelhantes e diferentes? (Ninguém se oferece como voluntário.) Conversem com as pessoas à sua volta; como Sam e Andie pensam sobre isso de forma diferente?

> *Quando poucos alunos se dispõem a compartilhar com toda a classe, o Prof. Jordan em geral faz eles se reunirem em pequenos grupos.*

Liam: Acho que Andie cortou 8 pela metade para ver qual seria a metade, mas Sam multiplicou 2 vezes 5.

Prof. Jordan: Liam, você está dizendo que, enquanto Andie dividiu o denominador pela metade, Sam dobrou o numerador? (Liam concorda, acenando com a cabeça.) Ok, vamos experimentar esta fração (escreve $5/99$ no quadro). Ela é maior ou menor que ½?

Ao escolher problemas para esta atividade, procuramos frações que estejam próximas de ½ com denominadores pares e ímpares. Descobrimos que numeradores e denominadores maiores (como $5/99$) podem ajudar os alunos a focar nas quantidades – e até mesmo deixá-los mais interessados! Você provavelmente pode fazer mais do que um desses problemas para cada Conversa Numérica.

Problemas por onde você pode começar (adaptado de REYS et al., 1987):

$3/8$ $16/31$ $14/25$ $50/99$ $5/9$ $8/5$ $13/23$ $24/49$

Perguntas úteis

- Quem pode descrever um método que funcionaria para qualquer fração para dizermos se era maior ou menor que a metade?
- Quem imaginou uma maneira diferente?
- Em que aspectos esses métodos são semelhantes ou diferentes?

(Obs.: manter um registro público por escrito destas estratégias pode ser útil – mesmo que algumas delas sejam falhas; fazer isso pode facilitar que os alunos aprendam a usar a linguagem com clareza e dar à classe algo a que se referir, ou com o que discordar, no futuro.)

Conversas Numéricas "mais próximo de 0, de ½ ou de 1?"

Nesta atividade, que se baseia em "maior ou menor?", os alunos consideram o tamanho das frações em relação a 0, ½ e 1 inteiro. Inicialmente, procuramos frações cujos denominadores são familiares para os alunos ou que estão próximos daqueles que são facilmente convertidos em decimais ou porcentagens.

Problemas por onde você pode começar (adaptado de REYS et al., 1987):

$$\frac{13}{24} \qquad \frac{16}{25} \qquad \frac{5}{16} \qquad \frac{3}{10} \qquad \frac{2}{5} \qquad \frac{10}{21}$$

Quando os alunos começam a ficar confiantes, é interessante escolher frações que possam causar conflito e fazer brotar equívocos, como:

$$\frac{3}{17} \qquad \frac{6}{71} \qquad \frac{17}{24} \qquad \frac{31}{41}$$

E, para aumentar ainda mais o desafio, você pode adicionar ¼ e ¾ como parâmetros!

Quando os alunos estão aprendendo a pensar sobre frações como quantidades, eles têm oportunidades de explorar práticas matemáticas que também estão evidentes nas outras Conversas Numéricas. Eles precisam, por exemplo, comunicar seu pensamento com clareza e apresentar argumentos convincentes (PM3).[1] Os alunos nem sempre concordam com as respostas e/ou raciocínios dos outros sobre esses problemas, portanto, isto lhes proporciona a oportunidade de aprender a resolver divergências sem recorrer ao professor para obter a resposta "certa". O exemplo a seguir mostra como isso aconteceu em uma turma.

⅔ está mais próximo de 0, ½ ou 1?

Antes de apresentar esse problema, a classe da Prof.ª Lee havia chegado a um consenso geral – o qual ela não havia rejeitado – de que, quando o numerador e o denominador estão muito próximos, a fração está próxima de 1.

JoAnne: Mais próxima de ½. (Muitos levantaram as mãos imediatamente, e a Srta. Lee pede que as abaixem e coloquem o polegar para cima sobre o peito se tiverem uma resposta diferente para compartilhar.)

Prof.ª Lee: Alguém tem uma resposta diferente?

Hugo: Mais próxima de 1.

Prof.ª Lee:	Alguém acha que ⅔ está mais próximo de 0? (Ninguém.) Ok, temos duas respostas. Isso significa que temos discordância matemática! Quem gostaria de defender uma das respostas?
Cassie:	Eu acho que ⅔ está mais próximo de 1 porque 2 e 3 estão mais próximos, e, na semana passada, essa foi uma das maneiras com que pensamos que poderíamos identificar essa questão.
Angel:	Sim, mas também descobrimos que ¾ é exatamente a metade do caminho entre ½ e 1.
Prof.ª Lee:	Angel, como ¾ nos ajuda com este problema?
Angel:	Acho que ⅔ é menor do que ¾, então... (Sua voz baixa de tom.)
Prof.ª Lee:	Hum. Onde vocês acham que Angel está chegando? Conversem com as pessoas à sua volta.

Depois de os alunos terem conversado entre si por algum tempo, a Prof.ª Lee chama Shawn.

Shawn:	Angel acha que ⅔ é menos do que ¾.
Prof.ª Lee:	Está certo, Angel? (Ele concorda acenando com a cabeça.) Como isso nos ajudaria a descobrir se ⅔ está mais próximo de ½ ou mais próximo de 1 inteiro?
Liam:	Acabei de perceber uma coisa! Em ½, 1 e 2 estão próximos, mas ½ não está mais próximo de 1 inteiro porque ele é ½!
Prof.ª Lee, querendo manter o foco na teoria de Angel:	Isso é interessante, Liam! Guarde essa ideia e voltaremos a ela em 1 minuto. Vamos voltar à teoria de Angel. Angel, como é que saber que ⅔ é menor que ¾ nos ajudaria?
Angel:	Bem, ¾ é meio caminho entre ½ e 1... posso me aproximar?
Prof.ª Lee:	Claro. (Angel vai até o quadro e traça uma linha, marcando ½ e 1. Depois ele coloca ¾ entre ½ e 1.)
Angel, dirigindo-se à Prof.ª Lee, que o lembra que deve falar com a classe inteira:	Se ⅔ é menor que ¾, então tem de estar localizado aqui (apontando para o segmento da linha entre ½ e ¾), e isso significa que tem de estar mais próximo de ½.
(Aluno murmurando: "Oh, eu entendi.")	
Prof.ª Lee:	O que os outros pensam disso? (Alguns concordam acenando com a cabeça, mas ninguém diz mais nada.)
Prof.ª Lee:	Humm... quem pode dizer a teoria de Angel com suas próprias palavras?

Sarah:	Angel pode estar dizendo que, se ¾ é a metade do caminho entre ½ e 1, e ⅔ é menor que ¾, então ⅔ tem que estar mais próximo de ½.
Prof.ª Lee:	Está certo, Angel? (Angel concorda, acenando com a cabeça.) Você está usando um importante pensamento matemático aqui. Os matemáticos frequentemente dizem: "Se isto é verdadeiro, então aquilo é verdadeiro." Então o que Angel está dizendo é: se ¾ é a metade do caminho entre ½ e 1, e se ⅔ é menos do que ¾, então ⅔ está mais próximo de ½ porque está entre ½ e ¾.

A Prof.ª Lee repetiu a ideia de Angel porque o pensamento do tipo "se... então" é muito importante no raciocínio matemático. Ela escreve o pensamento do aluno no quadro:

<u>Se</u> ¾ está a meio caminho entre ½ e 1,

<u>e se</u> ⅔ é menor que ¾,

<u>então</u> ⅔ está mais próximo de ½ do que de 1

Prof.ª Lee:	Mas estou pensando... como sabemos com certeza que ⅔ é menor que ¾? Conversem com as pessoas à sua volta; vocês poderiam convencer alguém de que ⅔ é menor que ¾?

Os alunos conversam em pequenos grupos por 3 a 4 minutos. Chris é o voluntário.

Chris:	Bem, eu mudei ⅔ para $^4/_6$. E sabia que ½ é igual a $^3/_6$ e 1 inteiro é igual a $^6/_6$. E 4 está mais próximo de 3 do que de 6.
Prof.ª Lee:	Então você está concordando com Angel que ⅔ está mais próximo de ½, mas pensando nisso de uma maneira diferente do que ele pensou? Mais alguém pensou de uma maneira diferente para nos convencer de que ⅔ é menor que ¾?
Alicia:	Bem, eu não tinha pensado nisso até agora, mas você poderia mudar ¾ para $^9/_{12}$ e ⅔ para $^8/_{12}$. Então $^8/_{12}$ é menor que $^9/_{12}$.
Prof.ª Lee:	Antes de terminarmos, vamos voltar ao que Liam observou. O que pensamos sobre nossa conjectura de que se o numerador está próximo do denominador, a fração estará mais próxima de 1?

Conversas Numéricas: "qual é maior?"

Nesta atividade, apresentamos aos alunos outro tipo de oportunidade para raciocinar sobre quantidades relativas. Todos eles já aprenderam a encontrar denominadores comuns para comparar frações, e muitos também gostam de transformar frações em decimais; outros, ainda, já aprenderam a fazer *multiplicação cruzada* para ver se as frações são equivalentes. Todos os alunos conseguem comparar frações de maneiras que fazem sentido para eles, e possibilitar oportunidades para raciocinarem com esses recursos comparando problemas, contribui para que desenvolvam uma maior profundidade do seu conhecimento sobre frações.

As frações a seguir auxiliam os alunos a desenvolver mais flexibilidade na comparação de frações porque seus denominadores não se convertem facilmente para decimais e porcentagens. Em geral, começamos com estas Conversas Numéricas dizendo: "Como vocês poderiam descobrir qual fração é maior *sem* fazer multiplicação cruzada ou encontrar um denominador comum?".

Exemplo de problema: $\frac{3}{6}$ e $\frac{7}{15}$

Os alunos podem raciocinar dessas maneiras:

> "$\frac{3}{6}$ é $\frac{1}{2}$ e $7\frac{1}{2}$ quinze avos seria $\frac{1}{2}$, portanto, $\frac{7}{15}$ é menor que $\frac{1}{2}$."
>
> Ou: "3 mais 3 é 6, então isso é a metade, mas 7 e 7 é 14, então $\frac{14}{15}$ é menor que 1 inteiro, portanto, $\frac{7}{14}$ é menor que $\frac{1}{2}$."
>
> Ou: "Estou pensando, você poderia fazer 6 vezes $2\frac{1}{2}$ é igual a 15, mas 3 vezes $2\frac{1}{2}$ é $7\frac{1}{2}$, então não são vezes suficientes para ser o mesmo? Isso funciona?"

Problemas por onde você pode começar:

$\frac{3}{6}$ e $\frac{7}{15}$	$\frac{1}{7}$ e $\frac{1}{5}$	$\frac{11}{13}$ e $\frac{9}{11}$	$\frac{31}{64}$ e $\frac{37}{50}$
$\frac{8}{35}$ e $\frac{15}{70}$	$\frac{8}{9}$ e $\frac{10}{11}$	$\frac{7}{11}$ e $\frac{7}{9}$	$\frac{15}{38}$ e $\frac{5}{13}$

Um par de problemas instigantes para desafiar seus alunos:

$$\frac{4}{5} \text{ e } \frac{17}{24} \qquad \frac{3}{16} \text{ e } \frac{4}{21}$$

Conversas Numéricas: "frações na reta numérica" (adaptado de BURNS, 2007)

Os alunos com frequência pensam em frações como parte de um todo, mas têm menos experiência em pensar sobre frações como medidas, ou pontos em uma reta numérica. Nesta tarefa, eles ordenam as frações como uma reta numérica, focando na localização relativa, e não na localização exata.

O professor começa desenhando no quadro uma reta numérica aberta, ou vazia, marcada apenas com 0, ½ e 1. A reta se estende em ambas as direções de 0 e 1. Previamente, o professor já havia anotado várias frações em etiquetas adesivas: ¾, ⅘, ⅚, $^{11}/_{13}$, $^{9}/_{11}$, $^{7}/_{9}$ e $^{7}/_{11}$. O exercício a seguir mostra como esta Conversa Numérica se desenvolveu com as duas primeiras frações: ¾ e ⅘.

Frações na reta numérica aberta

Prof.ª Laney, segurando uma etiqueta adesiva com ¾: Quem gostaria de colocar ¾ na reta numérica?

Lisa se oferece como voluntária e coloca a etiqueta a meio caminho entre ½ e 1.

Prof.ª Laney: Mostrem com seus polegares se vocês concordam com a localização de Lisa. (Todos os polegares são erguidos.)

A Prof.ª Laney poderia ter parado neste ponto para perguntar a Lisa como ela sabia, mas ela não queria roubar tempo da conversa relativa à etiqueta adesiva que viria a seguir.

A Prof.ª Laney então ergue a etiqueta com ⅘ e pede que os alunos pensem sobre onde ela se localizaria na reta numérica.

Prof.ª Laney: Alguém gostaria de colocar ⅘ na reta numérica?

Justin se aproxima e a posiciona à direita de ¾.

Prof.ª Laney: Mostrem com seus polegares se vocês concordam com esta localização. (Muitos polegares são erguidos.) Justin, você pode explicar como decidiu onde colocar ⅘?

Justin: Sim. Eu pensei em ¾ como 75% e ⅘ como 80%, então ⅘ era um pouco maior que ¾. (A Prof.ª Laney registra 75% acima de ¾ na reta numérica e 80% acima de ⅘.)

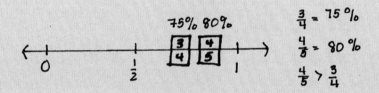

Prof.ª Laney: Alguém pensou nisso de maneira diferente?

Mariah: Eu pensei em ¾ como a meio caminho entre ½ e 1, e 2½ cinco avos seria a metade. A metade de 2½ cinco avos é 1¼ avos. Então 3¾ cinco avos seria meio caminho entre ½ e 1; e 4 é maior que 3 ¾, portanto, ⅘ é maior que ¾.

Esta é uma maneira muito interessante de decidir se ⅘ é maior ou menor que ¾, mas a Prof.ª Laney opta por não focar nisso nesse momento. Antes de tudo, ela mesma teve dificuldades ao tentar acompanhar a lógica de Mariah. Além disso, acredita que essa ideia pode não ser acessível para todos os seus alunos – sem mencionar o tempo que levaria para ajudar todos a raciocinarem dessa maneira. Então ela decide tornar o pensamento de Mariah visualmente acessível.

A Prof.ª Laney registra 2½ cinco avos acima de ½ na reta numérica e 3¾ cinco avos acima de ¾ na reta numérica.

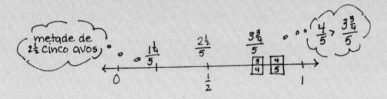

Prof.ª Laney: Quem pensou nisso de uma maneira diferente?

Tennaye: Eu pensei que ¾ está a ¼ de distância de 1, e ⅘ está a ⅕ de distância de 1. Como ¼ é maior que ⅕, ¾ está mais longe de 1 que ⅘, portanto, ⅘ é maior.

A Prof.ª Laney e a classe continuarão trabalhando nesta reta numérica por alguns dias, usando as outras frações nas etiquetas adesivas.

Aproximando somas e diferenças

> ### Compreensão dos alunos da adição de frações
>
> Em 1982, a National Assessment for Educational Progress (Avaliação Nacional do Progresso Educacional – NAEP) apresentou este problema a estudantes de 13 e 17 anos de idade:
>
> *Faça uma estimativa da resposta para $^{12}/_{13} + ^{7}/_{8}$.*
>
> Os alunos escolhiam uma das quatro respostas:
>
> **a.** 1
> **b.** 2
> **c.** 19
> **d.** 21
>
> Apenas 24% dos estudantes de 13 anos foram capazes de raciocinar que a soma de um número um pouco menor que 1 e outro número um pouco menor que 1 estaria próxima de 2. Esta é quase a mesma porcentagem que você esperaria, em média, se alguém tivesse que retirar de forma aleatória um de quatro números de um saquinho. Lamentavelmente, os estudantes de 17 anos não se saíram muito melhor: menos da metade (37%) conseguiu identificar 2 como a melhor aproximação.

À luz das discussões contínuas sobre o ensino da matemática e o desempenho nessa disciplina nos Estados Unidos, é importante ter em mente que 1982 era o fim de mais de uma década de instrução de competências básicas. As Normas para Currículo e Avaliação do National Council of Teachers of Mathematics (Conselho Nacional dos Professores de Matemática – NCTM) (NATIONAL..., 1989) ainda não haviam sido publicadas, e a *math wars*[2] ainda pertencia ao futuro. Embora não saibamos com certeza, é provável que os alunos possam ter encontrado os denominadores comuns e somado as duas frações usando lápis e papel. No entanto, o algoritmo, mesmo feito corretamente, pouco contribui se os alunos também não tiverem uma noção do quanto suas respostas são razoáveis. Qual é a contribuição de um algoritmo se a resposta for sem sentido?

Um fato é certo: os professores têm feito precisamente o que é esperado deles. Muitos de nós já estivemos nesta mesma posição: sentir a frustração de ensinar o que é exigido e descobrir mais tarde que, na melhor das hipóteses, aquilo não foi efetivo e, na pior, causou todo tipo de problemas para as crianças. A maneira como aprendemos a ensinar frações foi prejudicial para as crianças. Muitos de nós, por exemplo, poderá se identificar na observação de Van de Walle e Lovin (2006, p. 90) sobre "o mito dos denominadores comuns":

> Os professores comumente dizem aos seus alunos que, para somar ou subtrair frações, você precisa primeiro encontrar os denominadores comuns... [porque] "afinal de contas, você não pode somar maçãs e laranjas". Essa afirmação bem--intencionada é essencialmente falsa. Uma afirmação correta seria "Para que seja usado o *algoritmo padrão* para somar ou subtrair frações, você precisa primeiro encontrar os denominadores comuns." Usando suas próprias estratégias inventadas, os alunos verão que podem ser encontradas muitas soluções corretas mesmo sem encontrar um denominador comum.

Por essa razão, nestas próximas Conversas Numéricas, focamos em como ajudar os alunos a aprenderem a determinar qual de duas ou três respostas é *aproximadamente* correta. Para focar o pensamento dos estudantes nas quantidades que estão sendo somadas ou subtraídas – em vez de no que *fazer* com os numeradores e denominadores – procuramos pares de frações relativamente desfavoráveis que dificultam encontrar um denominador comum.

Exemplo de problema: $10/41 + 2/11$ – aproximadamente ½, aproximadamente 1 ou aproximadamente 2

Um aluno com uma boa noção sobre frações poderia dizer: "$10/41$ está próximo de $10/40$, portanto, é ¼. E $2/11$ está próximo de $2/10$, mas isto é ⅕. E sei que ¼ mais ¼ é ½, mas ⅕ está próximo de ¼, então, minha resposta é: 'Aproximadamente ½'". Outro aluno poderia dizer: "Sei que 10 e quarenta e um avos é aproximadamente ¼, e 2 onze avos é menos do que 0,2, portanto, não há como se somarem para chegar a 1".

Outro aluno, ainda, poderia dizer: "As duas frações são menores que ½, então, a resposta não pode ser 1 ou 2.

Problemas por onde você pode começar (adaptado de LANE COUNTY MATHEMATICS PROJECT, 1983b):

$88/91 + 5/6$	Aproximadamente ½	Aproximadamente 1	Aproximadamente 2
$1/7 + 5/16$	Aproximadamente ½	Aproximadamente 1	Aproximadamente 2
$7/8 + 1/9 + 12/13$	Aproximadamente 1	Aproximadamente 2	Aproximadamente 3
$1 1/9 + 2 17/18$	Menor que 4	Maior que 4	
$5¾ - 2⅕$	Menor que 3	Maior que 3	

Produtos e quocientes

Multiplicação

A compreensão que os alunos têm da multiplicação e divisão de frações sofre de males similares aos da adição e subtração. Com a multiplicação, no entanto, nossos objetivos iniciais são auxiliar os alunos a pensar sobre a relação entre a multiplicação e a divisão (p. ex., ¼ de alguma coisa é o mesmo que alguma coisa dividido por 4) e a desenvolver uma noção de quantidade ao multiplicar frações. A seguir, encontram-se diversas variações de Conversas Numéricas para facilitar seus alunos a desenvolverem um sentido mais forte das frações.

Multiplicando frações e números inteiros

Ao contrário das Conversas Numéricas sobre adição e subtração na seção anterior, aqui estamos buscando respostas exatas. Nos primeiros problemas, começamos com números inteiros vezes frações unitárias (frações com o numerador 1). Inicialmente, usamos frações unitárias cujos denominadores são fatores do número inteiro, como ⅓ de 12, ¼ de 100 e ⅕ de 20, para nos dar uma noção do nível de compreensão dos alunos. Mesmo que muitos deles achem esses problemas "fáceis", sempre haverá outros que ainda não possuem formas de acessar tais problemas. A beleza das Conversas Numéricas é que os alunos que ainda não entendem podem aprender ouvindo os diferentes métodos daqueles que entendem.

Uma Conversa Numérica de 15 minutos é provavelmente um tempo suficiente para vários desses problemas, mas procure usá-los com cuidado; assim que se tornarem triviais, procure misturar frações unitárias cujos denominadores não sejam fatores do número inteiro. Os alunos com frequência podem aprender mais com problemas que ampliam seu pensamento do que com a prática daqueles que não provocam esse efeito.

O trabalho de Reys et al. (1987) e o Lane County Mathematics Project (1983) sobre estimativas contribuíram com muitas ideias para nossas propostas para as Conversas Numéricas a seguir.

Exemplo de problema: ¼ de 24

Alguns alunos irão pensar na metade de 24 para obter 12, e na metade, novamente, para obter 6, enquanto outros podem contar de 4 em 4 até chegar a 24. Outros irão dividir 24 por 4. Em cada um desses casos, mesmo que pareçam óbvios para você, é importante perguntar aos alunos por que seu raciocínio faz sentido, para que as diferentes abordagens possam ser inter-relacionadas nas mentes dos alunos.

Problemas por onde você pode começar:

$\frac{1}{4}$ de 32 **$\frac{1}{3}$ de 240** **$\frac{1}{8}$ de 56** **$\frac{1}{2}$ de 98** **$\frac{1}{5}$ de 350**

Estas frações unitárias são a base para as frações não unitárias. Por exemplo, $\frac{3}{5}$ pode ser pensado como repetições de $\frac{1}{5}$ (p. ex., $\frac{3}{5} = \frac{1}{5} + \frac{1}{5} + \frac{1}{5}$). "Se $\frac{1}{4}$ de 36 é 9, então $\frac{3}{4}$ de 36 deve ser $9 + 9 + 9$ (ou 3×9) que é 27.

Os alunos, é claro, encontrarão diferentes maneiras de pensar sobre estes problemas:

$\frac{3}{10}$ de 50 **$\frac{2}{3}$ de 27** **$\frac{3}{5}$ de 30** **$\frac{3}{4}$ de 200** **$\frac{5}{8}$ de 16**

Então, se os alunos sabem raciocinar sobre $\frac{2}{3}$ de 9, eles conseguem aplicar o que sabem a $\frac{2}{3}$ de $\frac{9}{37}$? Ou a $\frac{3}{4}$ de $\frac{12}{13}$? Ou $\frac{3}{5}$ de $\frac{20}{21}$? (Esperamos que você brinque um pouco com estas ideias e talvez até mesmo transforme estes problemas em uma investigação como as do Capítulo 9.)

Frações "confusas" com números inteiros favoráveis

Aqui os alunos transformam frações confusas em outras mais favoráveis, para aproximar o produto. Mais uma vez, o objetivo é usar as relações numéricas de forma flexível para determinar quão grande seria uma resposta plausível.

Exemplo de problema: $\frac{8}{25}$ de 15 $\approx$

Os alunos podem raciocinar dessas maneiras (quanto mais, melhor!):

> "$\frac{8}{25}$ está próximo de $\frac{8}{24}$, que é $\frac{1}{3}$. E $\frac{1}{3}$ de 15 é 5. Então, $\frac{8}{25}$ de 15 está próximo de 5."
>
> Ou: "Eu sei que $\frac{5}{25}$ é $\frac{1}{5}$, e que $\frac{1}{5}$ de 15 é 3. E $\frac{3}{25}$ é um pouco mais do que a metade de $\frac{5}{25}$, portanto, acho que a resposta está em torno de $4\frac{1}{2}$ ou 5."

Uma pergunta de *follow-up* interessante e matematicamente fértil para esse problema é: "A resposta seria menor ou maior que 5?". Perguntas como essa podem identificar mesmo os equívocos mais resilientes.

Os alunos podem raciocinar que, já que 25 é maior que 24, então $\frac{8}{25}$ é maior que $\frac{1}{3}$. Outros podem achar o oposto. Mais uma vez, resista ao impulso de explicar. Por exemplo, se Jennifer diz que $\frac{8}{25}$ é maior que $\frac{1}{3}$ porque 25 é maior que 24, você poderia dizer: "Então, Jennifer, parece que você está dizendo que, se o denominador for maior (e os numeradores são iguais), então a fração será maior". Devolva a pergunta para a classe: "O que os outros acham sobre a conjectura de Jennifer?". Nesse meio tempo, você pode estar pensando em outro par de frações que desafiaria o pensamento de Jennifer (como $\frac{2}{3}$ e $\frac{2}{99}$).

Problemas por onde você pode começar:

$^{15}\!/_{31}$ de 80 ≈ $\qquad$ $^{19}\!/_{99}$ de 60 ≈ $\qquad$ $^{12}\!/_{35}$ de 900 ≈

$^{49}\!/_{99}$ de 60 ≈ $\qquad$ $^{24}\!/_{35}$ de 900 ≈ $\qquad$ $^{51}\!/_{61}$ de 600 ≈

Frações favoráveis com quantidades "confusas"

Problemas em que o necessário é apenas fazer aproximações ocorrem regularmente na vida fora da sala de aula de matemática. Começamos com números que são fáceis de arredondar e frações com as quais os alunos estão familiarizados.

Exemplo de problema: $\frac{1}{3}$ de 61

"61 está próximo de 60, e sei que $\frac{1}{3}$ de 60 é 20, portanto, minha resposta será apenas um pouco maior que 20."

"Dividi 61 em 3 grupos, e isso deu 20, sobrando 1, então sei que é 20$\frac{1}{3}$."

Problemas por onde você pode começar:

$\frac{1}{2}$ de R\$ 29,95 ≈ $\qquad$ $\frac{3}{4}$ de R\$ 61 ≈ $\qquad$ $\frac{2}{3}$ de R\$ 89,95 ≈

Aproximação na multiplicação de frações por frações

Você também pode desafiar os alunos com problemas como estes (adaptados de LANE COUNTY MATHEMATICS PROJECT, 1983b):

$6\frac{3}{8} \times 7\frac{9}{10}$	Maior que 48	Menor que 48
$1\frac{2}{3} \times \frac{3}{4}$	Maior que 1	Menor que 1

Divisão

O algoritmo da divisão de frações é particularmente desconcertante para os alunos e também para os professores. Você se lembra desta ladainha?

Você não tem que raciocinar por quê;
apenas inverta e multiplique!

Sem entender, em primeiro lugar, o que significa a divisão e por que o algoritmo funciona, os alunos esquecem qual fração inverter. E, sem noção do que significa o todo qualquer resposta será tão boa quanto outra.

O Capítulo 9 inclui duas investigações que podem auxiliar os alunos a encontrar sentido na divisão e até mesmo esclarece por que funciona inverter e multiplicar, mas o acesso generalizado a calculadoras e computadores torna imperativo que os alunos desenvolvam uma noção de racionalidade das suas respostas. Podemos cultivar a busca de sentido sobre a divisão por meio de Conversas Numéricas.

Começamos focando em fazer os alunos raciocinarem se os quocientes são maiores ou menores que um inteiro.

O modelo de medida para a divisão de frações

Os problemas de divisão de frações podem ser interpretados de formas diferentes, as quais dependem, em grande parte, do contexto. Uma interpretação é denominada modelo de medida (ou "quotativa"). Para a divisão de números inteiros com este modelo, para 15 ÷ 3, pergunta-se: "Quantos conjuntos de 3 (ou quantos números 3) há em 15?".

Igualmente, com frações, para ¾ ÷ ½, pergunta-se: "Quantas ½ há em ¾?" Entretanto, esta interpretação pode ser complexa se o divisor foi maior do que o dividendo. Para ⅓ ÷ ⅞, por exemplo, seria algo como: "Quanto de ⅞ se encaixa em ⅓?" Pensar sobre divisão usando o modelo da medida pode auxiliar os alunos na avaliação de qual tamanho suas respostas devem ter. (Para a elaboração sobre modelos para divisão de frações, veja Ma (1999) e Fosnot e Dolk (2002).)

Este exemplo de problema usa frações que os alunos podem visualizar facilmente, portanto, podem ter a ideia do que está sendo perguntado. Também oferece a oportunidade de detectar interpretações equivocadas dos símbolos da divisão que possam ter (veja a seguir "Símbolos para a divisão").

Exemplo de problema: ½ ÷ ¼ – maior que 1, menor que 1

Em ½ ÷ ¼, alguns alunos pensarão que o quociente é maior que 1 (porque ¼ é menor que ½), enquanto outros pensarão que o quociente é menor que 1 – pela mesma razão! Se essa falsa concepção surgir, pode ser útil apresentar o problema 15 ÷ 3 e perguntar-lhes o que está sendo perguntado. Se eles disserem: "Quantas vezes 3 encaixa em 15?", continue propondo perguntas: "De que outra maneira podemos explicar o que o problema está perguntando?". Depois, apresente o problema 3 ÷ 15 e pergunte: "O que este problema está perguntando?". Entender que, quando o divisor é maior que o dividendo, a pergunta muda para "Que parte de 15 está em 3?" ou "Quanto de 15 está em 3?" facilita com que os alunos entendam melhor a divisão de frações.

Símbolos para a divisão

O símbolo ÷, conforme notado no Capítulo 7, é frequentemente lido pelos alunos como "dentro de", em vez de "dividido por". Isso é exacerbado, ou talvez causado pela primeira apresentação dos alunos à divisão em problemas como 3⟌45 (modo de apresentar a divisão de 45 por 3 nos Estados Unidos), o que as crianças leem dizendo: "3 entra em 45." Em vez de esclarecer isso logo no início, gostamos de apresentar um problema de divisão e deixar que a questão surja na discussão.

Problemas por onde você pode começar (adaptado de LANE COUNTY MATHEMATICS PROJECT, 1983b):

⅓ ÷ ⅞	Maior que 1	Menor que 1
2½ ÷ 1⅞	Maior que 1	Menor que 1
1 ÷ ¾	Maior que 1	Menor que 1
2⅞ ÷ 2½	Maior que 1	Menor que 1

Raciocínio sobre divisão de frações

Os problemas nesta seção procuram respostas exatas. Os alunos que já desenvolveram um forte senso de racionalidade com as atividades anteriores deste capítulo abordarão estes problemas com flexibilidade.

Exemplo de problema: 1 ÷ ⅔

Pode ser que os alunos raciocinem das formas apresentadas a seguir:

- Sei que ⅔ cabe inteiro dentro de 1, e sei que dois ⅔ é grande demais para caber dentro de 1, portanto, sei que a resposta está entre 1 e 2.
- Há um ⅔ dentro de 1, com ⅓ de resto. E ⅓ é metade de ⅔, portanto, minha resposta é 1 ½.

- Sei que ⅓ cabe dentro de 1 três vezes, então ⅔ só pode caber dentro de 1 metade das vezes. Acho que a resposta é 1½.

Uma pergunta importante aqui é: "1½ do quê?". Para uma descrição elaborada e vídeo de como esta lição se desenrolou em uma classe de 7º ano, veja Boaler e Humphreys (2005, p. 40-53).

Problemas por onde você pode começar (uma Conversa Numérica usualmente compreende 2 a 3 destes problemas):

1 ÷ ⅓	3 ÷ ⅓	⅓ ÷ 3	⅔ ÷ ½	⅗ ÷ ¼
⅖ ÷ ⅓	⅖ ÷ ⅔	⅘ ÷ ¼	1¾ ÷ ½	1¾ ÷ 2

Eles são apenas o começo – cada Conversa Numérica lhe ajudará a determinar os problemas seguintes.

Pensando sobre decimais

Conversas Numéricas sobre "maior ou menor?"

De forma semelhante às Conversas Numéricas com frações, aquelas sobre "maior ou menor" com decimais auxiliam os alunos a encontrar sentido nos decimais fazendo estimativas para estabelecer comparações. Isso facilita a pensarem sobre os decimais como relações baseadas no valor posicional.

Para cada operação, escolhemos combinações de números que estão suficientemente próximas da resposta para fazer com que os alunos parem e pensem.

Problemas por onde você pode começar (adaptado de LANE COUNTY MATHEMATICS PROJECT, 1983b):

3,94 + 6,83	Menor que 10	Maior que 10
15,8 + 13,89	Menor que 30	Maior que 30
8,6 - 4,8	Menor que 4	Maior que 4
3,8 - 1,86	Menor que 2	Maior que 2
4,9 × 3,8	Menor que 20	Maior que 20
9,91 × 0,9	Menor que 10	Maior que 10
16 ÷ 1,9	Menor que 8	Maior que 8

Problemas para aprimorar o pensamento dos alunos

Depois que os alunos estiverem confortáveis com as fronteiras oferecidas por problemas como os apresentados anteriormente, eles podem dar início a problemas como este, de Van de Walle e Lovin (2006, p. 125):

Faça uma estimativa e explique a forma como sua estimativa foi feita:

$$73,46 + 6,2 + 0,582$$

Conversas Numéricas sobre "onde está a casa decimal?"

Em *Teaching student centered mathematics*, Van de Walle e Lovin (2006) apresentam problemas com frações e decimais que se encaixam muito bem na estrutura de uma Conversa Numérica. Considere, por exemplo, os dois problemas seguintes:

1. Divisão

Coloque a seguinte afirmação no quadro ou projete na tela e peça que os alunos lhe indiquem com seus polegares quando souberem onde deve estar a casa decimal.

146 ÷ 7 = 20857 está correto para cinco dígitos, mas sem a casa decimal.

Depois de coletar as respostas, pergunte se alguém gostaria de compartilhar como pensou sobre isto, e, é claro, continue perguntando se alguém pensou de maneira diferente. Então, desvendando cada um dos problemas abaixo, um de cada vez, solicite que os alunos usem somente as informações providas e as estimativas para dar uma resposta bastante precisa para cada um:

146	÷	**0,07**
1,46	÷	**7**
14,6	÷	**0,7**
1460	÷	**70**

Já vimos muitos estudantes responderem a pergunta inicial sobre a colocação da casa decimal em 146 ÷ 7 de forma acurada e dar respostas plausíveis sobre o porquê, e então cegamente seguir as regras sobre a movimentação dos decimais e dar respostas que absolutamente não fazem sentido para as perguntas de *follow--up*. Por exemplo, eles colocam a casa decimal no problema original depois de 20 e dizem alguma coisa como: "Há 2 números 7 em 14, então há 20 números 7 em 140, portanto, a resposta será apenas uma pouco mais do 20, ou 20,857". Muitos alunos então tentam seguir as regras para a movimentação de decimais e movem o decimal para a esquerda (como foi no divisor) e chegam a uma resposta para 147 ÷ 0,07 de 0,20857. Eles nem mesmo param para considerar que 0,07 é 100 vezes menor que 7, portanto, haverá 100 vezes mais 7 centésimos em 147, não 100 vezes menos.

2. Multiplicação

Solicite que os alunos calculem o produto de 24 × 63. Eles podem usar lápis e papel. Depois que a classe concordou com a resposta, coloque o seguinte no quadro:

Usando somente o resultado deste cálculo e a estimativa, dê a resposta exata para cada um dos seguintes problemas:

$$0,24 \times 6,3$$
$$24 \times 0,63$$
$$2,4 \times 63$$
$$0,24 \times 0,63$$

Você poderá usar apenas um ou dois desses problemas durante uma Conversa Numérica, apresentando um de cada vez, dando aos alunos tempo para raciocinar, coletando as respostas e depois ouvindo suas diferentes maneiras de pensar.

Depois que os alunos tiverem aprendido a raciocinar com decimais, você irá descobrir que, enquanto eles estão fazendo matemática, muitas oportunidades irão surgir em que a estimativa com decimais seria útil, e sempre que isso acontecer, você pode dedicar alguns minutos para uma Conversa Numérica espontânea.

Pensando sobre porcentagens

Em 1985, Ruth e Cathy estavam lecionando na Califórnia quando os resultados da nova avaliação estadual, California Assessment Program (CAP), foram publicados. Por todo o estado, professores do final do ensino fundamental ficaram impressionados com os resultados sobre esta pergunta do 8º ano:

Quanto é 100% de 32?

Os estudantes receberam estas quatro opções:

- **a.** 0,32
- **b.** 32
- **c.** 132
- **d.** 3200

Apenas 50% dos estudantes do 8º ano na Califórnia acertaram a resposta. Quatro anos mais tarde, no NAEP de 1986, o seguinte item para alunos de 17 anos apareceu publicado nos jornais de todo o país:

Qual das seguintes afirmações é verdadeira para 87% de 10?

- **a.** Mais que 10.
- **b.** Menos que 10.

c. Igual a 10.

d. Não é possível dizer.

e. Não sei.

Agora, se você suspeita do pior, você está certo. Apenas 51% desses estudantes do ensino médio escolheram "é menos que 10".

Os algoritmos têm um lugar importante na matemática e no ensino dessa disciplina, mas não podem substituir a compreensão de conceitos importantes. Se estudantes do final do ensino fundamental e do ensino médio chegam até nós com as mesmas brechas em sua compreensão que esses alunos do 8º ano, então mais prática com as mesmas regras antigas para movimentar a casa decimal não irá ajudá-los a construir a base de que precisam. As Conversas Numéricas a seguir buscam mudar o pensamento dos estudantes, afastando-os de como movimentar a casa decimal e levando-os a considerar o que as quantidades significam.

Representando frações como porcentagens

As Conversas Numéricas, com um investimento relativamente pequeno do tempo de aula, podem proporcionar uma oportunidade para os alunos terem confiança no próprio raciocínio sobre frações e porcentagens usando relações matemáticas que eles entendem. Os estudantes intuitivamente pensam com mais facilidade sobre porcentagem do que sobre decimais, então, em geral, começamos por aqui. Para escolher os problemas, focamos em frações que são vistas e usadas com mais frequência: metades, terços, quartos, quintos, sextos, oitavos e, talvez, doze avos. Nosso objetivo não é que os alunos "memorizem" essas equivalências, mas que raciocinem por meio delas, encontrando sentido nas relações.

Exemplo de problema: escrever ¾ como uma porcentagem

"Escreverei uma fração no quadro. Sem usar alguma regra que conhecem, vejam se vocês conseguem descobrir como representar ou escrevê-la como porcentagem. Mesmo que saibam de cor, vejam se conseguem encontrar uma maneira de imaginá-la como se não soubessem."

Possíveis maneiras que os alunos pensarão sobre isto:

- Sei que ½ mais ¼ somam ¾; e sei que ½ é 50%. E ¼ é metade de ½, então, a metade de 50% é 25%. Então, ¾ seria 50% mais 25%, portanto, 75%.
- Sei que ¼ de um real é 25 centavos, então ¼ é igual a 25%. E, como ½ é 50%, 50% mais 25% é 75%.
- Pensei sobre isso como _____ fez, mas apenas subtraí 25% de 100%.

- Eu sei que 4 quartos formam um real, e 3 quartos são 75 centavos, então ¾ deve ser igual a 75%.

Problemas por onde você pode começar:

$$\frac{7}{10} \qquad \frac{2}{5} \qquad \frac{1}{8} \qquad \frac{3}{8} \qquad \frac{5}{6} \qquad \frac{2}{3}$$

Problemas para apoiar o raciocínio que os alunos desenvolveram:

$$\frac{3}{16} \qquad \frac{2}{15} \qquad \frac{5}{12} \qquad \frac{7}{20} \qquad \frac{3}{100}$$

Perguntas para apoiar o raciocínio dos alunos

- De que outras formas podemos compreender isto?
- Por que sua estratégia/método faz sentido para você?
- Agora que descobrimos _____, como poderíamos usar isto para descobrir _____? Por exemplo, agora que descobrimos uma porcentagem de ⅙, como poderíamos descobrir para $\frac{1}{12}$? Ou, agora que descobrimos ¾, como poderíamos usar isso para descobrir ⅜? Ou agora que descobrimos ⅛, como poderíamos usar isso descobrir para ⅞?

Porcentagem de um número (adaptado de LANE COUNTY MATHEMATICS PROJECT, 1983a)

Não só para o sucesso na escola, mas também como uma competência para a vida, os alunos precisam ser capazes de calcular a porcentagem de um número – ou a porcentagem aproximada de um número – sem ter de recorrer a uma calculadora. Para as Conversas Numéricas a seguir, portanto, focamos na porcentagem de um número com base na compreensão, geralmente forte, que os alunos têm de 50%. Essa abordagem também facilita que desenvolvam o raciocínio do tipo "se... então"; por exemplo, se 25% de R$ 400 é R$ 100, então 12,5% de R$ 400 tem de ser R$ 50, porque 12,5 é a metade de 25, e a metade de R$ 100 é R$ 50.

Um objetivo nesses problemas é colaborar para que os alunos aprendam usar o que conhecem sobre um problema para ajudá-los a resolver outro. A necessidade disso ficou clara para nós quando estudantes em uma classe do ensino médio que visitamos tiveram cinco respostas diferentes para 5% de 360°, mesmo que tivessem concordado por unanimidade que 10% de 360° era 36°.

Exemplo de problema: 25% de R$ 200

Os alunos irão raciocinar sobre esta questão de maneiras variadas. Alguns dirão: "Eu sei que 50% de R$ 200 é R$ 100. E sei que 25% é a metade de 50%, então preciso encontrar a metade de R$ 100, que é R$ 50". Ou: "Eu sei que 25% de R$ 100 é R$ 25, então 25% de R$ 200 tem que ser duas vezes essa quantidade, então foi assim que eu cheguei a R$ 50". Ou "10% de R$ 200 é R$ 20, então 20% tem que ser R$ 40, mas 5% é a metade de 10%, e a metade de R$ 20 é R$ 10, então R$ 20 + R$ 20 + R$ 10 = R$ 50".

Um método, que alguns alunos usam naturalmente é encontrar 1% do número como uma forma de encontrar qualquer outra porcentagem. Um aluno que usa esse expediente poderia dizer: "Sei que 1% de R$ 200 é R$ 2, então 25% tem de ser 25 vezes 2, ou R$ 50".

> ### A barra de progresso do *download*
>
> Devido às experiências tidas com o *Facebook*, transmissões de vídeo e *videogames*, a maioria dos estudantes está familiarizada com as barras de progresso do *download*. Como a barra de progresso tem uma porcentagem associada a ela, essa imagem visual é uma boa maneira de os alunos desenvolverem sua noção de porcentagem. Um modelo similar, denominado *linha numérica dupla*, também é amplamente usado como forma de representar proporções e índices.
>
> Usaremos 25% de R$ 200 como um exemplo de como você pode usar as barras de progresso para apoiar a compreensão dos seus alunos. A usamos como um tipo de linha numérica aberta dupla, somente com 0%, 50% e 100% como parâmetros. A figura abaixo mostra uma representação de 25% de R$ 200.
>
> 25% de R$ 200
>
>
>
> A barra de *download* pode ser usada de várias maneiras. Alguns professores a usam para comparar frações e horas. Outros dão aos alunos barras de progresso (em progresso) e pedem que eles determinem a porcentagem que já foi baixada.

HUMPHREYS & PARKER

Problemas por onde você pode começar:

Apresentamos aqui apenas alguns exemplos, porque sua escolha dos problemas depende fortemente do que seus alunos fazem com os problemas iniciais. Cada fileira a seguir está baseada na mesma quantidade (nestes exemplos, reais e graus). As flechas representam os caminhos *possíveis* para você seguir, dependendo de como seus alunos conseguem raciocinar e não retroceder para o pensamento mecânico.

50% de R$ 200 → 25% de R$ 200; então, você pode experimentar 5% de R$ 200 ou 10% de R$ 200 ou 1%; ou, se eles conhecem 50% e 25%, conseguem encontrar 75%?

50% de 800 → 25% de 800 → 75% de 800 → e talvez tentar 10% agora...

50% de 360° → 10% de 360° → 5% de 360° → 35% de 360°

> ## Uma observação sobre 10%
>
> Descobrimos, pela experiência, que pode ser melhor protelar o emprego de 10% de um número por enquanto. Dez por cento requer movimentação da casa decimal e tende a afastar os alunos de raciocinar e a fazê-los recuar e recorrer às memórias de como trabalhavam com a matemática antes.

Depois que os alunos se sentirem confortáveis em movimentar dentro de uma quantidade particular, problemas como este podem ser pensados de muitas maneiras. Lembre-se apenas: queremos manter os problemas acessíveis para que os alunos possam desenvolver sua compreensão e confiança.

85% de 60	**12% de 60**	**37% de R$ 500**	**45% de R$ 300**
250% de R$ 800	**2,5% de R$ 100**	**20% de R$ 350**	**45% de 150**

Algumas vezes, os alunos ficam mais interessados se os problemas "parecerem" muito difíceis. Dois professores do ensino médio que conhecemos experimentaram porcentagens de frações — começaram com 200% de diferentes frações e depois deram isto aos alunos: ¼ (200% de ⅜).

CONVERSAS NUMÉRICAS

> ### Porcentagem de *versus* porcentagem de desconto
>
> Uma classe do ensino médio recém havia começado a ter Conversas Numéricas com a porcentagem de um número. Em sua primeira conversa, encontraram facilmente 50% de R$ 200, mas, quando foi solicitado 25% de R$ 200, houve três respostas diferentes: R$ 50, R$ 150 e R$ 175. Um aluno levantou a mão e disse: "Como 25% pode ser mais do que a metade?". Foi necessária esta pergunta maravilhosa para descobrir a confusão compartilhada por muitos alunos, que estavam pensando que 25% de R$ 200 significava 25% *de desconto* (de) R$ 200. Isso ainda não explica R$ 175 como uma possível resposta, mas, por meio da sondagem, o professor percebeu que o aluno estava pensando em R$ 25, não em 25% de desconto de R$ 200.
>
> Os erros dos alunos frequentemente possuem uma lógica subjacente baseada em alguma coisa que eles aprenderam ou acham que aprenderam. Esta é outra razão por que as Conversas Numéricas são uma maneira tão boa de revelar equívocos e mal-entendidos que de outra forma poderiam nunca ser identificados.

Quando seus alunos ficarem mais fortes e você tiver uma melhor compreensão do que são capazes de fazer, você poderá escolher problemas para Conversas Numéricas que sejam cada vez mais complexos – as frações menos favoráveis, os decimais mais complexos e as porcentagens mais complicadas. O conteúdo da matemática de nível superior está repleto de frações, decimais e porcentagens, e você só precisa estar de prontidão e alerta às possibilidades, para, em um piscar de olhos, fazer um rápido desvio de 15 minutos.

Notas

1 N. de R.T. **SMP3: Construir argumentos viáveis e ser capaz de interagir com o raciocínio dos outros** (ver nota na página 27).

2 N. de T. *Math wars* é o debate sobre a educação moderna de matemática, bem como de seus livros didáticos e currículos, nos Estados Unidos, o qual foi desencadeado pela publicação, em 1989, das Normas para Currículo e Avaliação pelo NCTM.

9 Conversas Numéricas podem desencadear investigações

A matemática tem o potencial de surpreender. Observamos situações que parecem mágicas e não podemos evitar o questionamento: "Por que isso está acontecendo? Como isso funciona?". E quando nos surpreendemos, queremos descobrir a resposta. Então investigamos. E é disso que trata este capítulo. Durante as Conversas Numéricas, haverá muitas vezes em que você e seus alunos se perguntarão por que alguma coisa funciona ou se vai funcionar sempre. Quando isso acontece, você tem a oportunidade perfeita para transformar as Conversas Numéricas em uma investigação, e elas provavelmente irão revelar ideias matemáticas importantes. Quando você faz a pergunta: "Isto vai funcionar sempre?", você abre a porta para os alunos examinarem a matemática que há por trás das várias estratégias a partir de perspectivas diferentes, e haverá oportunidades para que percebam conexões entre ideias matemáticas aparentemente não relacionadas e entre números, álgebra e geometria. A concepção de que os estudantes estão buscando a resposta para uma pergunta matemática que eles têm é, por si só, maravilhosa.

As investigações são um tipo especial de solução de um problema matemático. Elas cultivam a inclinação natural de nossas mentes jovens a perguntar "Por quê?" e "O que eu posso descobrir sobre isto?". E, é claro, há mais de uma resposta, ou descoberta, e mais de uma maneira de chegar lá. Elas oferecem a dádiva do tempo para aqueles questionamentos matemáticos mais básicos; lidar com ideias, buscar padrões e fazer conjecturas e testá-las. Como discutiremos em mais profundidade no final do capítulo, as investigações, ao incorporarem as Standards for Mathematical Practice, facilitam que os estudantes experimentem o que a matemática realmente é.

Para que uma investigação realize o seu potencial, nós (como professores) precisamos abrir mão de nossas colocações na forma como os alunos abordam suas questões ou o que eles descobrem. Dicas que os orientam por um caminho particular, por exemplo, os privam de oportunidades de encontrar suas próprias maneiras de resolver um problema. Isso significa que o engajamento dos estudantes nas investigações exigirá um pouco de coragem e alguma (possivelmente muita) perseverança da sua parte enquanto eles aprendem, talvez pela primeira vez, a como ir em busca das ideias matemáticas deles – e você aprenderá a permitir que isso aconteça.

Investigações levam tempo – tempo de aula. Elas não precisam ser longas ou complexas, mas você descobrirá que valem muito o tempo despendido – e são experiências das quais nenhum aluno deve ser privado.

Muitas investigações se originam de estratégias particulares usadas nas Conversas Numéricas e dão aos alunos a oportunidade de pensar por que uma estratégia funciona. As oito investigações neste capítulo – uma para adição, duas para subtração, duas para multiplicação e três para divisão – têm o mesmo propósito primário: auxiliar os alunos a perceber que, quando algo acontece de forma repetida em matemática, *tem de haver uma razão*. Então qual é essa razão? *Sempre* irá acontecer? Por quê? Eu posso prová-la? Em caso negativo, quando irá acontecer e quando não? Denominamos essas investigações de "Isso vai funcionar sempre? E por quê?".

Para cada investigação, sugerimos materiais que devem estar disponíveis, maneiras de apresentar o problema e algumas das ideias matemáticas que você irá encontrar. Também incluímos comentários sobre aspectos importantes dessa disciplina a serem destacados nas investigações, além de falsas concepções que devem ser dissipadas. Diferentes componentes da descrição geral da investigação foram incluídos para as várias investigações. Procuramos destacar partes de cada uma que irão facilitar a preparação.

Embora tenhamos ficado tentadas a incluir diálogos entre professor e alunos acompanhando as conclusões que os alunos tiram de cada investigação, intencionalmente não fizemos isso, porque não queríamos privar você e seus alunos da oportunidade de fazer suas próprias descobertas. Também não gostaríamos de encorajá-lo a procurar uma conclusão ou resposta específica. Sabemos, por experiência, que essas investigações são acessíveis aos alunos e que as descobertas que eles (e você) irão fazer ao longo do caminho levarão as Conversas Numéricas até um nível mais profundo e enriquecerão o conhecimento de cada um sobre como os números funcionam.

Então, divirtam-se com as ideias. E lembre-se: uma das nossas tarefas mais difíceis é apresentar o problema, deixar o caminho livre e confiar que nossos alunos encontrarão sentido nas investigações que propomos.

O que apresentamos a seguir é uma descrição geral de como se desenrola uma investigação típica de *Isso vai funcionar sempre?*

I. Antes da investigação

Faça a investigação você mesmo (você não vai querer deixar a oportunidade passar)! Então tente antecipar todas as maneiras como os alunos podem abordá-la. Mesmo quando você faz isso, é provável que os alunos o surpreendam com suas ideias. Aceite isso quando acontecer e saiba que você e seus alunos irão aprender durante esse processo.

II. Propondo a investigação

Em geral, os alunos não "descobrem" as estratégias nestas investigações, portanto, você precisará apresentá-las – se você tiver períodos de matemática curtos, algumas delas poderão levar mais de um dia. A seguir, apresenta-se um exemplo de como isso pode ser feito.

1. *Inicie uma Conversa Numérica* como normalmente faria. Depois que os alunos tiverem explicado suas estratégias (e partindo do pressuposto que ninguém usou essa estratégia), diga-lhes que você quer compartilhar uma estratégia que viu em alguma aula ou que você viu alguém colocar em prática. Se, por outro lado, um de seus alunos (Jason) já a tiver experimentado por conta própria, diga então aos outros que você quer examinar a estratégia de Jason.

2. *Mostre a estratégia.* Solicite que os alunos conversem com um colega para ver se conseguem imaginar o que a pessoa fez; depois compartilhem. Eles provavelmente terão maneiras diferentes de pensar sobre ela.

> **Dica de ensino**
>
> Uma maneira de fazer os alunos examinarem uma estratégia é solicitar que finjam que a estão descrevendo – em palavras – para alguém de outra turma.

3. *Os alunos precisam saber o que estão investigando,* portanto, apresente outro problema e faça todos experimentarem a estratégia de Jason com papel e lápis. Peça que um deles se aproxime e demonstre "como Jason resolveria este problema".

4. *Ensine os alunos como "experimentar", dizendo:* "Com um colega, invente três outros problemas e experimente-os usando a estratégia de Jason". Enfatize a importância de registrar – esperamos que de uma forma organizada – seus achados. Então, um pouco depois: "O que vocês descobriram?". Compartilhem um pouco.

5. *Ensine os alunos a se questionarem,* mostrando como fazer: "Hummm... deve haver uma razão para isso ficar acontecendo repetidamente. Alguém tem uma teoria sobre por que isto funciona?".

Uma observação sobre ajudar os alunos a detectar e questionar o porquê

Estudantes que foram ensinados a imitar procedimentos geralmente não pensam em se perguntar "Por que...?". Muitos anos atrás, Mary Baratta-Lorton observou: "Uma criança que tem expectativa de que as coisas tenham sentido o busca nas coisas. Outra que não vê padrões em geral não espera que as coisas façam sentido e vê todos os acontecimentos como discretos, separados e não relacionados" (apud BURNS, 1984, p. 98). Depois que os alunos começam a ter a expectativa de que a matemática faça sentido, observar e questionar o porquê pode se tornar uma norma – e o mundo da matemática se abre para eles.

---

6. Agora, para a *tarefa de casa*: "A estratégia de Jason vai funcionar *sempre*? Estejam preparados para trazer suas ideias para a aula de amanhã. Seu grupo vai tentar encontrar um argumento matematicamente convincente para a sua resposta, seja ela qual for".

Uma observação sobre a tarefa de casa

A tarefa de casa de "pensar sobre" é incomum, mas pode ser uma pausa valiosa na tarefa de casa normal. Embora esse não seja um passo essencial, ele dá a todos os alunos tempo para pensar sobre a questão antes de trabalharem com os outros em um problema. Em geral, pedimos que tragam algumas evidências do seu pensamento para que tenham alguma coisa com que contribuir na discussão do seu grupo.

> Alguns deles podem voltar para a aula com métodos matematicamente sofisticados que seus pais lhes mostraram; isto é ótimo, desde que o aluno consiga explicar por que o método faz sentido. Se não conseguirem (ainda), então deve-se continuar pensando sobre o método. Por outro lado, alguns podem não trazer nada em seus papéis, mas, ainda assim, poderão tomar parte ouvindo as ideias que outros trazem para a discussão e, com o tempo, começarão a contribuir.

III. Trabalho em pequenos grupos

Tenha à disposição material manipulável e papel quadriculado.

1. *Reapresente o problema:* "Alguém pode nos lembrar do problema em que estávamos trabalhando ontem?". (Espera-se que um deles se lembre!)

> Há uma variedade de modelos para trabalho em pequenos grupos, e você encontrará a forma que funciona para você. Em geral, solicitamos que os alunos trabalhem em grupos de quatro formados aleatoriamente para as investigações, mas, às vezes, usamos grupos menores ou duplas.

2. *Orientações para pequenos grupos:* escreva as orientações a seguir (ou algo próximo disso) no quadro ou projete na tela.
    *   Revezem-se compartilhando o que descobriram em sua tarefa de casa ontem à noite.
    *   Vejam se conseguem chegar a um acordo se o método de Jason irá funcionar sempre.
    *   Imaginem uma forma de nos convencer.

> ### Uma observação sobre prova e contraexemplo
>
> Mesmo crianças pequenas podem aprender a sustentar um argumento geral (para uma discussão elaborada, veja Carpenter, Franke e Levi (2003, p. 85-103)). Apresentamos a seguir duas ideias por onde seus alunos podem começar.

- Se os alunos usarem múltiplos exemplos para *provar* que a teoria funciona, você pode tentar perguntar: "Mas como você sabe *com certeza* que não existe algum problema para o qual isto não funciona?".
- Contraexemplos são poderosos. Os alunos ficam animados ao perceber que tudo o que eles têm de fazer para refutar uma teoria é encontrar *um caso* para o qual ela não funcione.

Além disso: Quando os alunos explicam seu pensamento em aula, vocês estão construindo uma norma sociomatemática com a qual *contar* como uma explicação matemática. Em algumas classes, por exemplo, dizer *como* fizeram um problema é suficiente. As Standards for Mathematical Practice enfatizam que os alunos precisam ser capazes de "[...] construir argumentos viáveis e criticar o raciocínio dos outros" (PM3)[1] (NATIONAL..., 2010). Com frequência perguntamos à turma: "Vocês acham que este foi um argumento matematicamente convincente? Por quê? Por que não?". Você vai elaborar para a sua classe em particular o que significa justificar um argumento matemático.

3. Faça a sua melhor avaliação de *quanto tempo os alunos terão para trabalhar* e assegure-se de que saibam disso. Os limites de tempo nunca são adequados para todos em uma turma. (Em geral, descobrimos que o subestimamos.)

4. *Enquanto os alunos estão trabalhando*, a tarefa do professor é observar o que os grupos estão fazendo. Os alunos estão tendo abordagens parecidas? Há abordagens que podem se beneficiar se compartilhadas em sequência porque se baseiam umas nas outras? Há abordagens incomuns? Procure permanecer tempo suficiente ao lado de uma mesa para poder entender essencialmente a direção que o grupo está tomando com seus argumentos. Ouça, faça uma pergunta de sondagem quando necessário, mas, por favor, não caia na tentação de dar *dicas*! Esse é um problema com o qual eles têm de lidar; se os guiar demais, você irá privá-los de desenvolver um senso de agência e de seus momentos *ahá!*. Os alunos com frequência não pensam em monitorar suas ideias de forma que lhes permita analisar e aprender com as coisas que experimentaram. Enquanto estão trabalhando, você pode ter de encorajá-los ao automonitoramento, mas faça um esforço para não lhes mostrar como fazer isso.

5. *Perguntas que você pode fazer para desenvolver o cético interior em seus alunos:* Os alunos foram tão condicionados a tirar conclusões rápidas que frequentemente se convencem que alguma coisa é verdadeira antes de terem considerado as alternativas. Em geral, eles não pensam, por exemplo, em testar outros *tipos* de números. É bom ficar atento a isso e fazer perguntas como: "Isso vai funcionar com números negativos?" ou "Vocês já experimentaram isso com frações?" ou "E quanto ao zero?".

Também queremos que os alunos sejam suficientemente céticos, para não ficarem satisfeitos com um tipo de justificativa, de modo que automaticamente se esforcem para ver de que outra maneira poderiam provar que alguma coisa é verdadeira. Podemos perguntar: "Vocês já tentaram representar isso geométrica (ou algebricamente)?" ou "Como vocês poderiam convencer um cético?". Finalmente, se um grupo acha que já terminou, mas a turma como um todo não está pronta para uma discussão, você pode perguntar para esse grupo: "Vocês conseguem inventar alguns problemas que poderiam desafiar o restante de nós?".

> ## Uma observação sobre perseverança
>
> É importante que os alunos aprendam que não irão resolver os problemas imediatamente. Eles não estão acostumados a fazer descobertas por conta própria, portanto, precisam praticar, assim como um músculo que é fortalecido pelo aumento gradual do peso. Descobrimos que pode ser útil uma conversa franca sobre como se sentem, seguida por uma sessão de *brainstorming* sobre o que podem fazer quando estão "travados". À medida que fizerem mais investigações, sua perseverança irá melhorar, assim como sua tolerância quando não sabem exatamente o que fazer. O mesmo vale para nós – temos de desenvolver perseverança e paciência para permitir que nossos alunos tenham o tempo que precisam.

Leva algum tempo para que seja entendida a ideia do que é justificar e o que não é. Na época em que chegam ao fim do ensino fundamental, muitos alunos aceitam completamente a palavra de uma "autoridade externa" (HIEBERT et al., 1997) como se ela tivesse uma procuração para apresentar uma justificativa. Em contraste, uma mensagem central no Common Core State Standards é que os alunos precisam aprender que uma das suas principais (novas) tarefas em matemática é eles mesmos avaliarem a validade das alegações por meio da busca de sentido, construindo argumentos matemáticos viáveis e criticando o raciocínio dos outros.

IV. Processamento de todo o grupo

O processamento de todo o grupo visa a desenvolver o conhecimento matemático. Quando os alunos ou grupos compartilham o que descobriram, os outros terão a oportunidade de examinar ideias que podem não ter considerado previamente. Você pode pedir que a turma procure relações entre os diferentes modelos usados. É durante o compartilhamento dos achados dos grupos que todos têm a oportunidade de aprofundar sua compreensão da matemática que está envolvida. E os grupos que podem não ter examinado em muita profundidade sua investigação têm a oportunidade de refletir sobre o que poderiam ter feito a mais por conta própria.

Uma observação sobre a ordem em que os alunos devem compartilhar

São diferentes as opiniões sobre como decidir quais grupos compartilham em primeiro, segundo... e último lugar. Diferentes abordagens estão baseadas em diferentes filosofias e prioridades e elas têm seus prós e contras.

Atualmente, decidir a ordem de compartilhar com base na sofisticação das estratégias, da menos até a mais sofisticada, é uma noção popular. O argumento é que a utilização desse método permite que se desenvolva um conceito matemático subjacente. Já experimentamos corajosamente essa abordagem uma vez ou outra, mas, em geral, adotamos uma abordagem mais orgânica. Andamos pela sala observando, ouvindo e fazendo perguntas esporádicas. Algumas vezes, quando vemos um método que é incomum ou que enfatiza uma ideia ou representação matemática que queremos que todos vejam, com calma, perguntamos aos alunos se estão dispostos a compartilhar. Se eles se mostram relutantes, às vezes perguntamos se permitem que compartilhemos sua ideia, e, em geral, concordam.

Nossa colega Patty Lofgren trata de uma sinergia importante que acontece quando são os alunos que determinam quando querem compartilhar.

Independentemente de quantas vezes eu tenha dado um problema rico às crianças, sempre encontro novas formas de abordar o problema que me espantam. Para um determinado grupo de crianças, é pretensioso que eu pense que sei o que pode repercutir para os alunos e fazer com que digam:

> "Oh, estou vendo pelo método de Whitney por que _____ funcionou, e me pergunto se...". Essas conexões acontecem internamente com os alunos no devido tempo e lugar, e aprendemos muito ouvindo sobre essas conexões enquanto elas acontecem. Selecionar previamente uma ordem para compartilhar ou criar uma estrutura para nossa *melhor explicação* pode tirar a autonomia das mãos dos alunos e tornar o tempo de processamento quase algorítmico. (Comunicação pessoal).

Durante o processamento, pode haver momentos em que você mesmo queira explicar algo. Em geral, queremos desencorajá-lo de fazer isso, mas não vai acontecer nada de mal se você explicar de vez em quando. O importante é que você não tenha a expectativa de que, só porque algo está claro para você, será possível transmitir sua clareza para outra pessoa. Os alunos estão acostumados a ouvir as explicações de seus professores, e dizer algo de vez em quando não causará problemas – contanto que você não espere que eles entendam simplesmente pelo fato de você ter explicado.

V. Encerramento

Depois que as ideias ou achados de uma investigação foram compartilhados, peça que a turma (ou grupos) resuma as grandes ideias que aprenderam. Enquanto compartilham, você pode registrá-las no quadro ou solicitar que os alunos o façam em seus cadernos de matemática. Reservar um tempo para reflexão sobre a aprendizagem é uma disposição importante que queremos que os alunos desenvolvam.

As investigações

"Isso vai funcionar sempre? E por quê?"

- Subtração: A mesma diferença
- Adição: Trocar os dígitos
- Multiplicação de frações: Trocar os numeradores ou denominadores
- Multiplicação: Reduzir pela metade e duplicar
- Divisão: Reduzir pela metade e pela metade

Outras investigações

- Divisão: Dividir por 1
- Multiplicação: Representar a multiplicação geometricamente
- Subtração: Fazer as mesmas estratégias de subtração que funcionam para os números inteiros também funciona eficientemente para decimais e frações?

Isso vai funcionar sempre? Investigação 1 – "A mesma diferença" na subtração

Exemplo de problema: 63 - 29

"Transformei 29 em 30 e 63 em 64, então mudei o problema para 64 - 30; minha resposta foi 34."

Você vai precisar de papel milimetrado, ladrilhos coloridos ou quadrados de papel, régua, tesoura.

Seguindo o protocolo geral para investigações já descrito, informe os alunos de que esta é uma investigação da estratégia "A mesma diferença" (descrita no Capítulo 4) e que sua tarefa será investigar se ela vai funcionar sempre, e por que sim ou por que não.

II. Propondo a investigação

Inicie uma Conversa Numérica usando o problema 73 - 28. Registre as soluções dos alunos. Se ninguém usar a estratégia da mesma diferença de modificar o problema para 75 - 30, então compartilhe que "algumas pessoas resolvem o problema assim" e registre da seguinte forma:

$$+2 \left(\frac{73 - 28}{75 - 30} \right) +2$$

$$45$$

Solicite que os alunos conversem com os outros à sua volta sobre como resolveram o problema e por que acham que funciona. Peça que experimentem a estratégia com três outros problemas da sua escolha e que depois trabalhem juntos para ver se conseguem imaginar se a estratégia vai funcionar sempre, e por que sim ou por que não.

III. Trabalho em pequenos grupos

Enquanto os grupos estão trabalhando, circule e observe o trabalho deles. Quando apropriado, você pode lançar uma pergunta como uma das apresentadas a seguir e se afastar, deixando que levem em consideração o que você perguntou.

- Vocês também podem subtrair a mesma quantidade de ambos os números?
- Esta estratégia funciona para a adição?
- Ela vai funcionar com decimais? E com frações?

IV. Processamento de todo o grupo

Convide os alunos ou um grupo a ir até o quadro e expor seu trabalho e resultados. Você poderá lembrar à classe de que eles têm uma tarefa importante enquanto o grupo está compartilhando: precisam tentar entender as ideias que estão sendo expressadas, e, se não conseguirem, a tarefa deles é pensar em uma questão para o grupo que possa facilitar sua compreensão. Lembre-os de que você vai solicitar aos outros que se baseiem nas ideias que estão sendo compartilhadas e que compartilhem outras descobertas que seus grupos fizeram.

Às vezes, quando um grupo está compartilhando, outros começam a conversar dentro dos seus próprios grupos. Em geral, isso ocorre porque algo que está sendo compartilhado desencadeou uma ideia na qual seu grupo estava trabalhando ou que agora está entendendo. Se for esse o caso, você poderá solicitar que o apresentador faça uma pausa, para dar algum tempo para os grupos conversarem sobre a ideia. Outras vezes, os alunos podem simplesmente não estar prestando atenção. E, quando isso acontece, em geral dizemos: "_____, você pode, por favor, esperar até que os outros possam ouvi-lo?". Continue solicitando que outros compartilhem os achados do seu grupo.

A seguir, apresentamos algumas abordagens matemáticas que vimos entre nossos alunos.

- Alguns alunos traçam uma reta numérica e cortam uma tira de papel de um determinado comprimento e então deslizam a tira para cima e para baixo na reta numérica, mostrando que mudar os números, seja somando ou subtraindo, não muda a distância entre os dois números. (Obs.: esse é um exemplo do uso de um caso particular − o comprimento da tira de papel − para demonstrar uma regra geral. Um argumento ainda mais geral seria se tivéssemos que imaginar que a tira fosse elástica e que poderia esticar ou encolher até qualquer comprimento.)

- Outros alunos fazem duas fileiras de ladrilhos coloridos para representar os dois números. Eles observam a diferença entre os dois números, depois adicionam o mesmo número a cada fileira e verificam se a diferença ainda é a mesma. Eles demonstram isso várias vezes. (Observe que esse, mais uma vez, é um caso particular [o número de ladrilhos] para representar um princípio geral.)
- Os alunos que já tiveram álgebra *podem* (mas é muito provável que não) usar a notação algébrica para provar o caso geral:

$$
\begin{aligned}
a - b &= (a + c) - (b + c) \\
&= a + c - b - c \\
&= a - b + c - c \\
&= a - b
\end{aligned}
$$

Se a álgebra for o único método que os alunos usam para um argumento convincente, estimule-os a elaborar uma representação visual ou geométrica para apoiar seu argumento algébrico. Além disso, se vocês estavam aprendendo sobre as propriedades das operações aritméticas, você pode solicitar que identifiquem as propriedades que apoiam cada movimento algébrico que fizeram.

V. Encerramento

Solicite que os alunos, seja em grupos ou a classe inteira, identifiquem as "grandes ideias" que descobriram durante a investigação. Mais uma vez, você poderá registrá-las no quadro ou no *flip chart* ou fazer eles registrarem em seus cadernos de matemática.

Isso vai funcionar sempre? Investigação 2 – Trocar os dígitos na adição

Você vai precisar de papel comum. Blocos com valor posicional *são úteis, mas não essenciais para esta investigação.*

Exemplo de problema: 93 + 29

"Troquei os dígitos na posição das unidades e mudei o problema para 99 + 23, e o resultado foi 122."

É improvável que seus alunos inventem sozinhos a estratégia de trocar os dígitos (mas será empolgante se fizerem!). Essa pode ser uma estratégia muito eficiente para determinados problemas. E essa investigação pode facilitar que os alunos entendam melhor valor posicional e a operação de adição.

II. Propondo a investigação

Inicie uma Conversa Numérica usando o problema $93 + 29$ e registre as estratégias dos alunos para solucioná-lo. Caso ninguém use a estratégia de trocar os dígitos, apresente-a como algo que você já viu antes. Ao trocá-los, você pode transformar o problema em $99 + 23$.

$$93 + 29$$
$$= 93 + 29$$
$$= 99 + 23$$
$$99 + 1 = 100$$
$$+ 22$$
$$\overline{122}$$

Solicite que os alunos conversem com as pessoas à sua volta sobre o que acham que elas fizeram.

Siga a descrição geral para as investigações, já descrita, proporcionando que os alunos experimentem a estratégia com outro problema, como $29 + 91$. A seguir, apresente o problema: "Trocar os dígitos vai funcionar sempre? Por que sim ou por que não?".

III. Trabalho em pequenos grupos

Perguntas que você pode fazer enquanto os alunos estão trabalhando:

- Quais dígitos você pode trocar e quais não pode?
- Trocar os dígitos funciona com subtração? Por que sim ou por que não?
- E quanto à multiplicação?

Mesmo estudantes jovens farão descobertas matemáticas importantes sobre valor posicional e adição durante a investigação desta estratégia. Aproveitem!

Isso vai funcionar sempre? Investigação 3 – Trocar os numeradores ou denominadores na multiplicação de frações

Exemplo de problema: $\frac{5}{6} \times \frac{6}{7}$

"Troquei os numeradores e transformei o problema em $\frac{6}{6}$ e $\frac{5}{7}$. Isso é o mesmo que $1 \times \frac{5}{7}$, portanto, minha resposta é $\frac{5}{7}$."

Você vai precisar de papel em branco e milimetrado.

II. Propondo a investigação

Como os alunos e professores podem não estar familiarizados com esta estratégia, incluímos um exemplo de uma Conversa Numérica que Ruth realizou recentemente com um grupo de professores.

Ruth pediu que os professores descobrissem a resposta para ⁵⁄₇ × ⅔ sem usar uma regra que já conhecessem. Eis o que aconteceu:

Ruth: Vou escrever um problema no quadro e quero que vocês encontrem uma resposta sem usar uma regra que já conhecem.

Ruth escreve ⁵⁄₇ × ⅔ e espera até que os polegares sejam erguidos.

Ruth: Quem gostaria de compartilhar como encontrou sentido neste problema?

Maria: Dividi ⁵⁄₇ em três grupos, então obtive ⁵⁄₇ + ⁵⁄₇ + ⁵⁄₇. Peguei dois desses grupos, e o resultado foi ⁵⁄₇.

Matthew: Por que você usou dois dos grupos?

Maria: Porque ⅔ significa duas partes de três, então peguei dois dos três grupos de ⁵⁄₇.

Matthew: Ah, entendi!

Ruth: Alguém mais tem uma pergunta para Maria? (Ninguém tem.) Quem pensou de uma maneira diferente?

Justin: Eu sabia que precisava ⅔ de 6 de alguma coisa. Enquanto estava pensando nisso, na verdade, não importava o que era aquela alguma coisa. Eu sabia que ⅔ de 6 é 4, então eu tinha 4 de alguma coisa e essa alguma coisa que eu tinha eram sétimos. Então minha resposta é ⁴⁄₇.

Ruth espera para ver se alguém faz uma pergunta para Justin. Ninguém faz, e então ela mesma faz uma pergunta.

Ruth: Justin, você disse que precisava de ⅔ de alguma coisa. Você poderia explicar um pouco melhor sobre o que queria dizer com isso?

Justin: Bem, se eu precisasse de ⅔ de R$ 6, precisaria de R$ 4. Ou, se precisasse de ⅔ de 6 jogadores de basquete, eu precisaria de 4 jogadores, porque ⅔ de 6 é 4. Então eu simplesmente pensei que precisaria de ⅔ de 6, ou quatro. Então eu disse: bem, eu quero ⅔ de ⁶⁄₇, então o seis de alguma coisa é sétimos, portanto ⅔ de ⁶⁄₇ é ⁴⁄₇.

Ruth espera para ver se alguém tem outra pergunta para Justin. Ninguém tem.

Ruth:	Alguém tem outra maneira de pensar sobre isso?
Hannah:	Eu pensei nisto como Maria, mas Bill tem uma maneira mais clara.
Ruth:	Bill, você gostaria de compartilhar sua maneira, ou prefere que Hannah a compartilhe?
Bill:	Eu troquei os denominadores, então mudei ⅔ vezes ⁶/₇ para ⁶/₃ vezes ²/₇. ⁶/₃ é 2, então fiz 2 vezes ²/₇ e obtive ⁴/₇.

$$\frac{6}{7} \times \frac{2}{3}$$
$$= \frac{6}{3} \times \frac{2}{7}$$
$$= 2 \times \frac{2}{7}$$
$$= \frac{4}{7}$$

Ezra:	Uau! Você consegue fazer isso?
Ruth:	Esta é uma boa pergunta, Ezra. Acho que podemos tentar descobrir. Vocês poderiam dedicar 1 minuto para conversar em seus pequenos grupos sobre o que Bill fez?

Depois de dar alguns minutos aos professores para conversarem sobre a estratégia de Bill, ela pediu que explicassem o que acham que Bill fez. Pediu então que experimentassem a estratégia de Bill com o problema ⅔ × ⅗. (Dedique um tempo para você mesmo pensar sobre isso.)

Depois que os professores explicaram o que Bill pode ter feito com seu novo problema, Ruth lhes disse que agora iriam investigar se a estratégia de Bill de trocar os numeradores e denominadores sempre vai funcionar e por quê. Pediu que começassem a investigação pensando nos seguintes problemas:

$$\tfrac{2}{5} \times \tfrac{3}{4} \qquad \tfrac{3}{7} \times \tfrac{2}{6} \qquad \tfrac{5}{9} \times \tfrac{3}{5} \qquad \tfrac{4}{7} \times \tfrac{1}{2} \qquad \tfrac{6}{7} \times \tfrac{2}{3}$$

Enquanto os participantes trabalhavam juntos, Ruth circulava, checando com os grupos o que estavam pensando ao longo do processo. Quando tinham dificuldades para descobrir quando e por que o método de Bill funciona, Ruth os encorajava a representar os problemas geometricamente, para ver se isso facilitaria. Ela também os encorajava a experimentar a estratégia com números mistos, e a monitorar suas tentativas e resultados enquanto trabalhavam para descobrir quando a estratégia funciona com eficiência.

CONVERSAS NUMÉRICAS

IV. Processamento de todo o grupo

- Durante o processamento de todo o grupo, prossiga com o que os alunos descobriram sobre quando trocar os dígitos funciona com eficiência e quando não, e as relações entre os numeradores e denominadores que tornam a estratégia eficiente.
- Esta também é uma oportunidade para examinar a propriedade comutativa da multiplicação em pleno funcionamento.

Isso vai funcionar sempre? Investigação 4 – Reduzindo pela metade e duplicando na multiplicação

Exemplo de problema: 8×13

"Reduzi pela metade o 8 e dupliquei o 13, então mudei o problema para 4 vezes 26; depois fiz 4 vezes 25, que é igual a 100, e 4 vezes 1 é 4. Então minha resposta é 104."

$$8 \times 13$$
$$= 4 \times 26$$
$$= 4 \times (25+1)$$
$$4 \times 25 = 100$$
$$4 \times 1 = \underline{+4}$$
$$104$$

Você vai precisar de papel milimetrado, ladrilhos coloridos ou quadrados de papel em branco e tesoura.

Esta investigação explora a estratégia de reduzir pela metade e duplicar para a multiplicação do Capítulo 5.

II. Propondo a investigação

Comece com uma Conversa Numérica para o problema 8×27, e então siga a visão geral para investigações, já descrita. Quando solicitar que os alunos investiguem a estratégia, você pode sugerir que comecem com exemplos com fatores pequenos, tais como 4×6 ou 3×6. Depois que conseguirem demonstrar a estratégia com números pequenos, encoraje-os a experimentarem com outros números e a estarem preparados para compartilhar seus achados com a classe.

III. Trabalho em pequenos grupos

As perguntas a serem feitas durante o trabalho em pequenos grupos incluem as apresentadas a seguir.

- Isso só vai funcionar com números pares?
- O que aconteceria se, em vez de reduzir pela metade, você tirasse ⅓ de um fator?
- Você consegue representar esta estratégia geometricamente?
- Que generalizações você pode fazer?
- Isso funcionaria para a divisão?

Esta última pergunta pode levar à Investigação 5 – "Isso vai funcionar sempre?"

IV. Processamento de todo o grupo

A seguir, apresentamos argumentos matemáticos que já vimos de outros estudantes.

- Alguns alunos montam um retângulo com ladrilhos coloridos para representar um problema de multiplicação – digamos, 4 × 6. Depois, reduzem pela metade a dimensão de 4 e deslizam as 2 últimas fileiras para o alto, deixando um retângulo de 2 × 12. Então exploram a ideia com retângulos de tamanhos diferentes.

- Outros alunos usaram papel milimetrado. Eles desenham uma variedade de retângulos e mostram como metade do retângulo é movimentada até a outra dimensão, resultando na redução pela metade de uma dimensão (um fator) e na duplicação da outra.

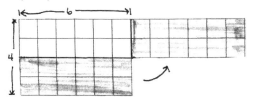

(Essas duas estratégias, mais uma vez, são casos particulares. Para encaminhar os alunos para a generalização, você pode perguntar: "Como vocês sabem que não existe algum retângulo para o qual isto não funciona?")

- Alguns grupos podem usar a propriedade associativa da multiplicação para explicar o que está acontecendo em um caso especial:

$$4 \times 6 = (2 \times 2) \times 6 = 2 \times (2 \times 6)$$

- Outros usaram álgebra, como na abordagem a seguir – como com a investigação com subtração, é bom solicitar que os alunos identifiquem qual propriedade usaram em cada etapa.

$$\begin{aligned} ab &= \left(\frac{1}{2} \cdot 2\right) \cdot ab \\ &= \frac{1}{2}(2a)b \\ &= \frac{1}{2}(a \cdot 2)b \\ &= \left(\frac{1}{2}a\right)(2b) \end{aligned}$$

- Alguns alunos, depois que questionamos em voz alta se essa estratégia valeria para números além de 2 (Reduzir pela metade e duplicar), expressaram uma versão mais generalizada que pode levar a uma representação algébrica da identidade e inverter as propriedades da multiplicação como está a seguir:

$$\begin{aligned} ab &= \left(\frac{1}{c} \cdot c\right) a \cdot b \\ &= \frac{1}{c}(ca) \cdot b \\ &= \frac{1}{c}(ac) \cdot b \\ &= \left(\frac{1}{c} \cdot a\right)(cb) \end{aligned}$$

Em geral, solicitamos que os alunos que abordaram esses problemas usando álgebra vejam se conseguem representar a situação geometricamente. É poderoso quando os alunos aprendem que a geometria pode ser usada para lançar luz sobre as relações algébricas, do mesmo modo que a álgebra pode ser usada para generalizar relações geométricas. E é lamentável que a álgebra e a geometria sejam aprendidas como tópicos separados nos Estados Unidos. Na maioria dos outros países, incluindo aqueles com melhor desempenho em estudos internacionais, elas são ensinadas em cursos integrados.

Isso vai funcionar sempre? Investigação 5 – Reduzir pela metade e pela metade na divisão

Exemplo de problema: 26 ÷ 4

"Mudei o problema para 13 ÷ 2. Como 6 vezes 2 é 12, minha resposta é 6 ½."

Você vai precisar de papel milimetrado e tesoura. Ladrilhos coloridos ou quadrados de papel em branco são úteis, mas não necessários, para esta investigação.

Quando os alunos aprendem a estratégia de reduzir pela metade e dobrar para a multiplicação, eles com frequência querem usá-la não só para a multiplicação, mas também para a divisão. Quando isso acontece, é melhor resistir à tentação de fornecer uma explicação e, em vez disso, apenas expressar interesse por parecer não funcionar e questionar por que acontece assim. Essa é uma ótima oportunidade para os alunos investigarem suas próprias perguntas.

II. Propondo a investigação

Comece com uma Conversa Numérica usando o problema 48 ÷ 16. Registre as diferentes maneiras de solução do problema que os alunos apresentam. Se ninguém usar a estratégia de reduzir pela metade e pela metade, compartilhe a estratégia com a classe e registre como a seguir:

$$48 \div 16$$
$$24 \div 8$$
$$(3)$$

Proponha outro problema (42 ÷ 12) e solicite que experimentem a estratégia de reduzir pela metade e pela metade.

Diga aos alunos que irão investigar se a estratégia de reduzir pela metade e pela metade sempre vai funcionar com a divisão. Solicite que experimentem a estraté-

CONVERSAS NUMÉRICAS

gia com mais três problemas de divisão e depois trabalhem juntos com seus grupos para descobrir se ela vai funcionar sempre para divisão, e por quê.

III. Trabalho em pequenos grupos

A seguir, perguntas que você pode fazer durante o trabalho em pequenos grupos.

- Vocês experimentaram dobrar e dobrar? Isso funciona?
- A estratégia vai funcionar para outros números além de 2 (p. ex., usando ⅓ e ⅓, etc.)?
- Vai funcionar com decimais?
- Que generalizações vocês podem fazer?
- Vocês conseguem representar a estratégia geometricamente?
- O que o resto significa quando ele muda? Vocês realmente obtêm a mesma resposta?
- Por que vocês reduzem pela metade e duplicam com a multiplicação, e reduzem pela metade e mais uma vez pela metade quando dividem?
- O que é igual e o que é diferente com a multiplicação e a divisão?
- Vocês já tentaram reduzir pela metade e pela metade com frações e decimais?

Conforme descrito no Capítulo 7, entender a estratégia de reduzir pela metade e pela metade combinada com a estratégia de dividir por 1 que vem a seguir pode tornar muitos problemas de divisão com decimais muito mais fáceis de resolver.

Embora as investigações restantes neste capítulo não sejam investigações do tipo "Isso vai funcionar sempre?", elas seguem a mesma estrutura geral. A diferença é que há um resultado ou objetivo específico para cada uma delas.

Investigação 6 – Dividir por 1

Como esta não é uma estratégia que já vimos alunos inventarem por conta própria, trata-se de uma que você pode querer compartilhar com seus alunos (veja o Capítulo 2).

II. Propondo a investigação

Inicie esta investigação escrevendo no quadro os problemas a seguir, um de cada vez, e perguntando: "Quanto é _____ dividido por 1?" ou "Quanto é _____ vezes 1?"

$$3 \div 1 \quad 17 \div 1 \quad 44 \div 1 \quad 6 \div 1 \quad 9 \div 1 \quad 23 \times 11 \quad 7 \times 1$$

Neste ponto, você pode introduzir 1 como a identidade multiplicativa (porque qualquer número multiplicado ou dividido por um é igual ao próprio número).

Diga: "Então, se podemos transformar facilmente um problema de divisão em um problema em que o divisor é 1, teremos um problema simples para resolver. Vou apresentar alguns problemas e quero que vocês vejam se conseguem transformá-los em problemas de divisão com um divisor de 1."

Coloque os seguintes problemas no quadro:

$$68 \div 2 \qquad 110 \div 5 \qquad 39 \div 3 \qquad 224 \div 2 \qquad 150 \div 5 \qquad 336 \div 3$$

Solicite que os alunos compartilhem como modificaram cada problema para obter um divisor de 1.

Em seguida, pedimos que investiguem se dividir por 1 funciona com divisão de frações e decimais. Para que façam essa exploração, às vezes propomos uma Conversa Numérica na qual apresentamos um problema de divisão de frações de uma forma que eles não estão acostumados a ver, como, por exemplo:

$$\frac{1}{2} \, \overline{\left)\frac{2}{3}\right.}$$

Como os alunos não estão acostumados a ver divisão de frações neste formato, com frequência têm dificuldades em pensar sobre o problema. Ter memorizado a regra de "inverter e multiplicar" não os auxilia, porque, quando o problema é apresentado desta maneira, é difícil lembrarem qual número inverter. Se você apresentar o problema proposto e solicitar que encontrem mentalmente uma resposta, é provável que seja surpreendido pelas muitas repostas diferentes que os alunos sugerem. Alguns deles erroneamente pensam que a questão está pedindo ½ de ⅔. Outros invertem o número errado e acabam com a resposta ¾. Outros, ainda, pensam que a questão é pedir ⅔ de ½, para uma resposta de ⅙.

Esse pode ser um bom momento para fazer as perguntas: "A estratégia de dividir por 1 vai nos ajudar aqui?" e "Por qual número teríamos de multiplicar ½ para transformá-lo em 1?". Essas duas perguntas podem dar início a uma investigação de por qual número você pode multiplicar uma fração para obter 1. No processo de respondê-las, os alunos estarão explorando a propriedade inversa da multiplicação, uma ideia que é importante quando se trata de resolver equações algébricas.

Em seguida, escrevemos ⅔ ÷ ⅓ no quadro. Solicite que os alunos transformem em um problema equivalente, no qual o divisor seja 1. Diga: "Cada um deve ter a chance de pensar sobre isto sozinho, então, quando seu grupo estiver pronto, conversem juntos sobre o que vocês fizeram". Então solicite que um voluntário venha até o quadro e mostre o que fez.

Depois disso, escreva os problemas a seguir no quadro e solicite que os alunos trabalhem juntos para transformar cada problema em um equivalente, no qual o divisor seja 1, e diga-lhes que sua tarefa é investigar se dividir por 1 vai funcionar sempre com frações e decimais, e por quê.

$$\tfrac{2}{5} \div \tfrac{1}{5} \qquad \tfrac{3}{4} \div \tfrac{1}{4} \qquad \tfrac{3}{4} \div \tfrac{1}{8} \qquad \tfrac{2}{3} \div \tfrac{1}{3} \qquad \tfrac{4}{3} \div \tfrac{2}{3} \qquad \tfrac{2}{5} \div \tfrac{2}{5}$$

VI. Encerramento

A seguir, são apresentadas algumas ideias matemáticas importantes.

- A estratégia de dividir por 1 está baseada no fato de que 1 é a identidade multiplicativa; isto é, todo o número multiplicado ou dividido por 1 é igual ao próprio número. Portanto, se pudermos multiplicar ou dividir facilmente um divisor para chegar a 1, podemos simplificar qualquer problema de divisão. Por exemplo, dado o problema $3 \div \tfrac{1}{3}$, podemos multiplicar tanto o dividendo quanto o divisor por 3, transformando o problema em $9 \div 1$, para uma resposta de 9.

- A estratégia de dividir por 1 baseia-se em reduzir pela metade e pela metade e pode nos auxiliar a entender por que a misteriosa regra de "inverter e multiplicar" funciona. Aqui usamos o exemplo $\tfrac{2}{3} \div \tfrac{3}{4}$.

$$\tfrac{2}{3} \div \tfrac{3}{4}$$

Quero que esta expressão seja igual a 1.

$$\Rightarrow \left(\tfrac{2}{3} \times \underline{\quad}\right) \div \left(\tfrac{3}{4} \times \underline{\quad}\right)$$

$$\Rightarrow \left(\tfrac{2}{3} \times \underline{\quad}\right) \div \left(\tfrac{3}{4} \times \tfrac{4}{3}\right)$$

Mas estas duas têm de ser iguais

$$\Rightarrow \left(\tfrac{2}{3} \times \tfrac{4}{3}\right) \div 1$$

$$\Rightarrow \tfrac{2}{3} \times \tfrac{4}{3}$$

O algoritmo da divisão de frações é um bom exemplo de como, a serviço da eficiência, o significado e a complexidade das suas etapas subjacentes estão ocultos. Como diz Bass (2003, p. 323): "Se quiséssemos uma máquina para resolver esta classe de problemas, o algoritmo nos diria como programar as etapas que a máquina deveria realizar em um determinado tipo de problema para obter a resposta desejada". Entretanto, nossos alunos não são máquinas. Mentes jovens anseiam por significado, e privá-los da chance de encontrar sentido extingue seu desejo natural de saber como os fatos funcionam.

Investigação 7 – Representações geométricas na multiplicação

Você vai precisar de papel em branco (não papel milimetrado).

A investigação da estratégia de dividir um fator em duas ou mais parcelas proporciona a oportunidade de facilitar aos alunos que encontrem sentido em relações matemáticas importantes usando representações geométricas para fazer conexões entre aritmética, geometria e álgebra. Como há um resultado específico que estamos buscando nesta investigação, incluímos uma descrição mais completa de como ela pode se desenvolver.

II. Propondo a investigação

Proponha o desafio dizendo algo como: "Vamos investigar maneiras de representar a estratégia de dividir um fator em parcelas geometricamente. Primeiro, gostaria que vocês pensassem sobre o problema 8 × 13. Digam quando já tiveram tempo suficiente para resolvê-lo mentalmente". Você pode estar certo de que alguém irá quebrar 13 em (10 + 3) e depois multiplicar 8 × 10 e 8 × 3. Vamos chamar essa pessoa de "Janet" e registrar da seguinte maneira como ela pensou:

$$8 \times 13$$

$$\text{Janet} \quad 8 \times (10 + 3)$$
$$8 \times 10 = 80$$
$$8 \times 3 = \underline{24}$$
$$104$$

Diga: "Quero que vocês pensem sobre como poderiam representar geometricamente a maneira como Janet resolveu o problema. Isso pode ser novo para muitos de vocês, portanto, deixem que cada um tenha tempo suficiente para pensar sobre isso sozinho. Assim que todos no grupo estiverem prontos, reservem algum tempo para compartilhar suas diferentes ideias sobre como fazer a representação geométrica". Preveja que alguns alunos não irão saber o que significa *representação geométrica*, então deixe que eles *quebrem a cabeça* sobre isso em seus pequenos grupos (se você for tentado a dar um exemplo, eles irão querer imitar o que você fez). Se os alunos ainda não começaram a conversar depois de alguns minutos, lembre-os de que devem compartilhar suas maneiras de realizar a representação em seus pequenos grupos.

Depois, convide os alunos a irem até o quadro para compartilhar suas maneiras de registrar o problema geometricamente. Não se surpreenda se apresentarem maneiras que você não havia previsto, ou que não sejam eficientes, e talvez que não façam sentido para você ou não pareçam "corretas". Por exemplo, nossos alunos com frequência desenharam 13 fileiras com 8 círculos em cada fileira. Embora isso não fosse o que tínhamos em mente – e não será efetivo com números grandes ou dimensões fracionárias – seu método é uma representação visual de 8 × 13. "Onde está o 8? Onde está o 10? E o 3?" são todas boas perguntas a serem feitas.

Se ninguém usou a representação geométrica a seguir, pergunte: "Se eu tivesse que desenhar um retângulo que representasse 8 × 13, quem poderia me dizer como desenhá-lo?" (sem que os alunos desenhem – isso lhes dá experiência com a descrição das dimensões).

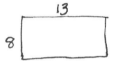

"Ok, o que 104 tem a ver com este retângulo?" (área).

Então: "Pensem por 1 minuto. Como faríamos esse retângulo representar do modo como Janet pensou sobre 8 × 13?" (Provavelmente os faríamos conversarem em seus grupos sobre isto.)

Então: "Quem poderia descrever como se pareceria o método de Janet neste retângulo?".

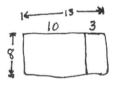

Então: "Onde (8 × 10) estaria neste retângulo? E (8 × 3)?".

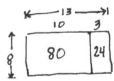

Se alguém usou essa representação, explore como apresentado na figura. Você também pode optar, dependendo da experiência de seus alunos, por conectar a representação geométrica do método de Janet com uma representação numérica mais formal e conectar as duas entre si.

$$8 \times 13$$
$$8 \times (10 + 3)$$
$$(8 \times 10) + (8 \times 3)$$
$$80 + 24$$

Uma observação sobre representações geométricas

Enquanto você estiver desenhando os retângulos, faça os comprimentos representados aproximadamente proporcionais. Não se preocupe em ser preciso. Entretanto, em um problema de multiplicação de dois dígitos por dois dígitos, é melhor *não* dividir um quadrado em quatro partes iguais e preencher cada parte com um produto parcial, conforme aqui desenhado:

$$12 \times 14$$

	10	4
10	100	40
2	20	8

Nossa preocupação é que essa prática se transforme mais em uma ferramenta para obter respostas do que em um modelo para entender relações. Por exemplo, queremos que os alunos conectem 10^2 ao seu significado geométrico de *quadrado*.

Também é muito importante que não nos apressemos para dividir em 4, a menos que estejamos representando o pensamento de um aluno que dividiu cada fator em duas parcelas. Alguns representarão 16×12, por exemplo, como $16 \times (10 + 2)$, o que resultaria em apenas duas partes. Essa representação é tão boa quanto dividir em quatro partes.

A seguir, apresente um problema como 12×16 como uma Conversa Numérica. No quadro (ou papel quadriculado), registre a diferentes maneiras que os alunos resolveram o problema. Espera-se que você tenha no mínimo três ou quatro estratégias para a solução. *Certifique-se de registrar cada maneira de resolver o problema em papel quadriculado ou em um quadro, para que os alunos possam consultar durante sua investigação.* Se ninguém resolver o problema mudando

12 para (10 + 2) e/ou 16 para (15 + 1), compartilhe que você já viu outros alunos resolverem dessa maneira.

Solicite que os alunos trabalhem juntos, usando um retângulo, para resolver o problema geometricamente. Circule pela sala e observe enquanto trabalham juntos. Se ninguém usar um retângulo para representar a solução, quando voltar a reunir o grande grupo, mencione que viu muitas maneiras interessantes de representar o problema e que quer explorar como um retângulo pode ser usado para representar cada estratégia para a solução. Desenhe um, no quadro, que tenha aproximadamente 12 por 16. Pergunte: "Onde ficaria 12 neste retângulo?", "Onde ficaria o 16?", e, a seguir: "O que_____ fez com o 12?". Divida o comprimento de 12 no retângulo em 10 e 2, tentando mantê-los aproximadamente proporcionais. Questione: "O que _____ fez com o 16?" Divida o comprimento de 16 em 15 e 1. Pergunte aos alunos que número ficaria em cada região do retângulo, depois adicione as quantidades para encontrar o produto de 12 × 16. Agora você terá um retângulo com esta aparência:

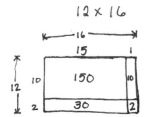

Outro aluno pode resolver o problema pensando em 12 × 16 como 12 × (12 + 4). Neste caso, o retângulo seria assim:

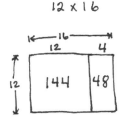

Usamos papel em branco em vez de papel quadriculado nesta investigação, para encorajar os alunos a pensarem sobre a área das várias regiões envolvidas. O papel quadriculado tende a fazer os alunos perderem tempo imaginando os tamanhos exatos e eles frequentemente acabam contando, em vez de pensarem sobre a multiplicação envolvida.

III. Trabalho em pequenos grupos

Diga aos alunos que eles irão trabalhar para ver se conseguem usar retângulos para representar cada uma das outras estratégias que foram compartilhadas durante a Conversa Numérica sobre 12 × 16. Solicite que reservem um tempo para que todos pensem sozinhos e que, quando seu pequeno grupo estiver pronto, compartilhem as maneiras de registrá-las. (Obs.: nem todas as estratégias podem ser representadas com retângulos, mas não diga isso aos alunos! Deixe que eles mesmos se organizem e tentem descobrir por quê.) Circule pela sala e observe enquanto os grupos estão trabalhando. Se a sua classe não criou muitas estratégias de pronto, encoraje o grupo a inventar o maior número possível enquanto pensam em resolver 12 × 16 usando retângulos.

Informe aos alunos que, quando tiverem terminado, devem levantar as mãos, e você lhes dará um desafio. Para este, solicite que os alunos trabalhem em seus grupos pensando em pelo menos duas maneiras diferentes de resolver o problema 26 × 48 e que representem esses dois modos geometricamente. Eles também podem inventar problemas de multiplicação e resolvê-los sozinhos até que achem que conseguem usar representações geométricas para resolver problemas de multiplicação com facilidade. Para alguns, usar um modelo geométrico torna-se sua maneira favorita de resolver problemas de multiplicação com números de mais ordens.

Essa representação geométrica da multiplicação serve como um importante alicerce para a multiplicação de expressões algébricas. Com alunos de álgebra, você pode ampliar essa investigação perguntando: "Como vocês representariam $(x + 1) (x + 2)$ geometricamente?" e repetir o processo anteriormente descrito. Compartilhe a imagem a seguir com seus alunos da mesma maneira que você usou com os números recém trabalhados. Enquanto faz isso, pergunte a eles quais seriam as dimensões do retângulo $[(x + 1) \text{ e } (x + 2)]$.

$$(x+1)(x+2)$$

Enquanto você registra, certifique-se de que os dois x tenham aproximadamente o mesmo tamanho (porque, é claro, ambos são o mesmo número) e que $+2$ seja cerca de duas vezes mais longo que $+1$. Enquanto está desenhando, pergunte aos alunos se eles conseguem ver o (x + 1) e o (x + 2). Mais uma vez, solicite que preencham as quantidades em cada retângulo interior e, depois, que reúnam termos semelhantes, perguntando: "Quantos x^2 nós temos? Quantos x? O que mais?". Depois de fazer isso, indague se alguém gostaria de se aproximar e mostrar como em geral resolvermos isso algebricamente.

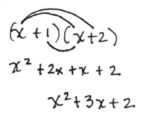

Perguntas sobre onde aparecem os termos da expressão algébrica na representação geométrica proporcionarão aos alunos que conectem as duas representações, e, dessa maneira, que aprofundem e ampliem sua compreensão da notação simbólica. Também é interessante para muitos alunos que x^2 seja lido como "x ao quadrado", porque um retângulo com lados que têm o mesmo comprimento é um quadrado.

A seguir, apresentamos vários problemas de multiplicação algébrica que os alunos podem explorar. Não se esqueça de solicitar a eles que representem cada um geometricamente. Caso surja alguma pergunta sobre como representar um binômio com subtração, esperamos que você resista ao impulso de explicar e, em vez disso, devolva a pergunta e veja como eles encontram sentido nisso.

(2x + 1)(x + 2)   (2x + 1)(3x + 3)   (x + 2)(x - 1)   (x - 1)(x - 2)

I. Resumindo estratégias eficientes para cada operação

Quando estiver pronto para passar para outra operação com números inteiros, seja ela adição, subtração, multiplicação ou divisão, você irá solicitar que os alunos trabalhem em pequenos grupos, para identificar algumas das estratégias mais eficientes que usaram e que as nomeiem. Depois de dar algum tempo para trabalharem nisso juntos, registre cada estratégia sugerida em um *flipchart* ou no quadro ou pergunte à classe como querem nomear cada uma delas.

Depois que tiver terminado esse resumo das estratégias eficientes para a operação, você estará pronto para propor uma investigação que responda se aquelas que funcionam para números inteiros também funcionam para frações e decimais. A seguir, apresentamos uma descrição de como essas investigações podem se desenvolver. Usamos as estratégias para a subtração para ilustrar um processo que você poderá usar com cada operação.

Investigação 8 – "Brincar" com as estratégias de subtração

Você vai precisar do manual *Estratégias para subtração* para cada dois alunos (Apêndice C) e um manual *Brinque com estes problemas* para cada aluno (Apêndice C).

Depois de ter realizado muitas Conversas Numéricas sobre a subtração com números inteiros, você terá a oportunidade de uma investigação maravilhosa com os alunos no fim do ensino fundamental e no ensino médio quando fizer a pergunta: "Estas mesmas estratégias para a subtração vão funcionar com frações e decimais? Ou com números positivos e negativos?".

II. Propondo a investigação

Faça a pergunta: "As estratégias para a subtração para números inteiros funcionam para todos os números racionais?". Distribua o manual com as estratégias para a subtração.

- Adicionar (representar com e sem a reta numérica aberta)
- Decompor o subtraendo (representar com e sem a reta numérica aberta)
- Adicionar a mesma quantidade ao subtraendo e ao minuendo (representar com e sem a reta numérica aberta)
- Arredondar o subtraendo até o múltiplo de 10 mais próximo (ou 100, 1000, etc.)
- Usar números negativos

Escreva 61 - 27 no quadro ou projete na tela. Depois, para cada estratégia listada no manual de estratégias para subtração, solicite que voluntários expliquem como elas funcionariam para o problema 61 - 27.

A seguir, entregue aos alunos o manual *Brinque com estes problemas*. Solicite que cada aluno tenha algum tempo para pensar sozinho, e, quando seu grupo estiver pronto, a função deles será ver se as estratégias que funcionam para a subtração de números inteiros também funcionam para decimais e frações.

7,46 - 6,85	60,12 - 0,2
8,2 - 0,97	3¼ - 1⅝
3⅕ - 2⅘	⁻5 - (⁻9)
⁻3 -2	

Depois de alguns minutos, encoraje os alunos a conversarem entre si enquanto trabalham nos problemas. Circule pela sala e observe enquanto os grupos estão trabalhando. Quando apropriado, pergunte se estão experimentando múltiplas estratégias em cada problema. Quando eles estiverem trabalhando com os números negativos, faça uma sondagem para ver como sabem se a resposta será positiva ou negativa. Se os grupos não fizerem isso por conta própria, incentive-os a experimentar a estratégia da mesma diferença com números negativos.

Você poderá despender algum tempo com isso por alguns dias, em vez de solicitar que os alunos terminem suas explorações em uma única vez. Depois que os grupos tiverem tempo suficiente para explorar, reúna a classe novamente. Não é importante que todos tenham explorado todos os problemas. Pergunte: "Há algum problema específico que vocês queiram falar a respeito?". Antecipe que eles queiram falar sobre os problemas com números negativos. Diga que vocês falarão sobre esses problemas, mas que você não quer começar por eles.

Durante o processamento, comece perguntando: "Quais estratégias vocês tenderam a usar mais?", e então: "Houve algum tipo de problema que exigiu uma estratégia diferente?".

Trabalhe em cada problema com toda a turma, perguntando se os alunos desejam compartilhar as estratégias que consideraram particularmente eficientes. Não deixe de questionar, em cada uma das vezes, se mais alguém usou uma estratégia eficiente diferente.

Para os problemas de subtração de decimais e frações, se ninguém usou a estratégia em vez disso, somar ou a mesma diferença, solicite que façam isso e chame voluntários que desejem vir até o quadro e compartilhar como fizeram.

> ## Em vez disso, somar e a mesma diferença com frações e decimais
>
> Quando nós mesmas experimentamos esses problemas pela primeira vez usando as estratégias *a mesma diferença* e *em vez disso, somar*, não pudemos evitar o desejo de ter de volta todos os nossos alunos no passado a quem ensinamos a simplesmente alinhar os decimais e subtrair. É claro que nós, assim como você, já vimos muitos alunos com dificuldades para alinhar os decimais corretamente, e aqueles que, quando solicitados a ordenar decimais, pensaram que 0,205 fosse maior que 0,41. Sabemos agora que o algoritmo tradicional permitia que os alunos seguissem um procedimento com pouca ou nenhuma atenção ao valor dos dígitos. E mais uma vez fomos surpreendidas ao descobrir que *em vez disso, somar* e *a mesma diferença* mantinham os alunos focados no valor dos dígitos, ao mesmo tempo que lhes oferecia uma maneira fácil de subtrair tanto decimais quanto frações.

Ao conversar sobre problemas de subtração com números negativos usando uma reta numérica, faça a observação de que, embora a distância entre os números seja sempre positiva, as respostas aos problemas não são. Pergunte aos alunos como conseguiram descobrir se a resposta era positiva ou negativa. Faça uma sondagem para ouvir outras explicações que eles tenham encontrado.

Investigações e as Standards for Mathematical Practice

Estas investigações trazem quase todas as Standards for Mathematical Practice para o primeiro plano da instrução: encontrar sentido nos problemas e perseverar na sua solução (PM1); raciocinar abstrata e quantitativamente (PM2); construir argumentos viáveis e criticar o raciocínio dos outros (PM3); atentar à precisão (PM6); buscar e encontrar sentido na estrutura (PM7); procurar e expressar regularidade na repetição do raciocínio (PM8) (NATIONAL..., 2010).[2] Quando acontecem nas salas de aula, essas investigações desenvolvem a disposição dos alunos para "fazer" e "ver" matemática, e dão vida às práticas matemáticas.

Em suma, você vai descobrir que as conversas matemáticas são ricas em oportunidades para investigações autênticas. Quase sempre que você ou seus alunos perguntarem: "Isso vai funcionar sempre?" ou "Por quê?", você tem o potencial para uma investigação matemática desencadeado por uma Conversa Numérica. A investigação de perguntas como "Por que você pode decompor em 2 ou mais parcelas e distribuí-los com o outro fator?" (p. ex., $12 \times 16 = (10 + 2) \times 16$) ou "Por que você movimenta uma casa decimal para a esquerda quando está buscando 10% de um número?" ou "Por que o algoritmo da multiplicação cruzada funciona?" ou "Por que você pode trocar dígitos com o mesmo valor posicional quando soma dois números?" pode proporcionar que os alunos adquiram uma robusta compreensão das operações e de como trabalhar com números em geral e com os números entre 0 e 1.

Quando reconhecemos o potencial matemático nas perguntas dos alunos e damos valor às suas perguntas, eles tornam-se criadores, e também consumidores, do currículo.

Há muito tempo somos inspiradas e gratas pelas palavras e pela sabedoria de Eleanor Duckworth (1987, p. 14), em *The having of wonderful ideas*.

CONVERSAS NUMÉRICAS

As maravilhosas ideias a que me refiro não precisam necessariamente parecer maravilhosas para o mundo exterior. Não vejo diferença entre o tipo de ideias maravilhosas que muitas outras pessoas já tiveram e aquelas que ninguém ainda teve... Quanto mais ajudarmos as crianças a terem ideias maravilhosas e a se sentirem bem com elas mesmas por as terem, maior será a probabilidade de que elas algum dia tenham ideias maravilhosas que nenhuma outra pessoa teve anteriormente.

Temos a confiança de que, quando você explorar essas investigações com seus alunos, haverá muitas e muitas oportunidades de se encantar com as ideias maravilhosas deles.

Notas

1 N. de R.T. **SMP3: Construir argumentos viáveis e ser capaz de interagir com o raciocínio dos outros** (ver nota na página 27).

2 N. de R.T. **SMP1: Entender os problemas e perseverar na sua solução** (ver nota na página 27); **SMP2: Raciocinar abstrata e quantitativamente** (ver nota na página 11); **SMP3: Construir argumentos viáveis e ser capaz de interagir com o raciocínio dos outros** (ver nota na página 27); **SMP6: Cuidar da precisão** (ver nota na página 27); **SMP7: Encontrar a estrutura e usá-la** – Alunos proficientes em matemática buscam com cuidado para discernir um padrão ou uma estrutura. Jovens alunos, por exemplo, podem notar que $3 + 7$ é a mesma quantidade que $7 + 3$, ou podem triar uma coleção de formas de acordo com o número de lados de cada forma. Mais tarde, os alunos verão que 7×8 é igual ao conhecido $7 \times 5 + 7 \times 3$, em preparação para aprender a propriedade distributiva. Na expressão $x2 + 9x + 14$, alunos mais velhos podem ver o 14 como 2×7 e o 9 como $2 + 7$. Eles reconhecem o significado de uma linha existente na figura geométrica e podem usar a estratégia de desenhar uma linha auxiliar para resolver problemas. Também podem dar um passo atrás e mudar de perspectiva. Podem ver coisas complicadas, como algumas expressões algébricas, como um único objeto ou compostos de muitos objetos. Por exemplo, eles podem ver $5 - 3(x - y)2$ como 5 menos um número positivo vezes uma raiz quadrada, e usar isso para perceber que seu valor não pode ser maior do que 5 com quaisquer números reais no lugar de x e y; **SMP8: Buscar e expressar regularidade em raciocínios repetidos** – Alunos proficientes em matemática notam cálculos repetitivos e buscam tanto métodos gerais como atalhos. No final dos anos iniciais do ensino fundamental, ao dividir 25 por 11, os alunos podem notar que estão repetindo os mesmos cálculos e concluir que há um decimal repetido. Ao prestar atenção no cálculo de uma reta, verificando se os pontos estão nas coordenadas $(1, 2)$ que atravessa o declive 3, alunos dos anos finais do ensino fundamental podem abstrair a equação $(y - 2) / (x - 1) = 3$. Ao notar a regularidade com os termos são cancelados quando se expande $(x - 1)(x + 1)$, $(x - 1)(x2 + x + 1)$ e $(x - 1)(x3 + x2 + x + 1)$, eles podem chegar à fórmula geral para a soma das séries geométricas. Quando trabalham para resolver um problema, alunos proficientes em matemática mantêm uma visão geral do processo, ao mesmo tempo em que prestam atenção aos detalhes. Continuamente avaliam a razoabilidade de seus resultados intermediários.

10 Lidando com os obstáculos no caminho

Embora as Conversas Numéricas sejam uma curta rotina diária, não há nada de rotineiro nelas. À primeira vista, parecem ser enganosamente fáceis... tudo o que temos a fazer é colocar um problema no quadro e perguntar aos alunos como eles chegaram à resposta, certo? Mas cada Conversa Numérica tem vida própria quando os alunos começam a explicar seu raciocínio, e não existe um mapa do caminho a ser seguido. Precisamos pensar com rapidez sobre o que perguntar e como responder. Precisamos considerar quem está falando, quem não está, e o que e como escrever no quadro – precisamos ter tudo isso na cabeça ao mesmo tempo. Não causa espanto que seja difícil saber o que fazer a seguir e que seja tão fácil sentir que estamos perdendo tempo e não chegando a lugar nenhum.

Esses trechos acidentados na estrada para o sucesso das Conversas Numéricas podem tornar tentador abandonar a ideia toda, mas, por favor, não desista – você *pode* fazer isso! E, como você vai descobrir, quaisquer dificuldades que se apresentem durante essa atividade oferecem importantes oportunidades de aprendizagem para você e seus alunos.

As perguntas e respostas a seguir abordam questões delicadas que nós e muitos outros professores encontramos ao longo dos anos. Para cada pergunta, discutimos estratégias que se mostraram úteis para estimular os alunos a seguir em frente. Algumas podem funcionar em uma classe, mas não em outra; outras Ruth usou com sucesso, enquanto Cathy descobriu outras úteis. Também incluímos *tentações a resistir* – estratégias de ensino comuns que descobrimos ser contraproducentes.

Bons professores podem tomar decisões muito diferentes – assim como na solução de um problema matemático, você poderá precisar gastar algum tempo com Conversas Numéricas até descobrir o que funciona melhor para você e seus alunos. Esperamos que estas ideias lhe ajudem a perseverar diante dos desafios que constituem uma parte natural da aprendizagem.

E se eu não entender o que um aluno está dizendo?

Esta é uma questão importante para todos os seus alunos. Se a explicação de um aluno for difícil para você entender, provavelmente outros alunos também não a entenderão. E, como seu objetivo final é que os alunos ouçam e respondam diretamente uns aos outros, é importante que todos aprendam a se comunicar de forma clara sobre matemática para que possam se entender. Isso não acontece da noite para o dia. Antes da adoção do Common Core State Standards for Mathematical Practice (NATIONAL..., 2010), por exemplo, a maioria dos estudantes não tinha regularmente a oportunidade de expressar seu raciocínio ou de apresentar uma justificativa matemática. É compreensível que tivessem dificuldade de expressar suas ideias de forma clara durante as Conversas Numéricas iniciais.

Quando você se encontra na posição de não entender o que um aluno está dizendo, continue perguntando ou reformulando o que foi dito para confirmar se interpretou suas palavras corretamente. Você pode dizer algo como: "Deixe-me ver se eu realmente entendi o que você está dizendo. Acho que você...".

Estratégias que funcionaram para nós

- Pergunte: "O que eu acho que ouvi você dizer foi _____. É isso que você está dizendo?" Apenas seja cuidadoso para expressar o que você realmente o ouviu dizer.
- Pergunte: "Quero ter certeza de que entendi o que você quer dizer. Você poderia repetir essa última parte?"
- Pergunte: "Quem pode explicar o que _____ disse com suas próprias palavras?"

Finalmente, se as estratégias anteriores não lhe ajudaram, você pode dizer: "Preciso de um pouco mais de tempo para pensar sobre sua estratégia e já volto a falar com você". Então pense a respeito e volte a falar com o aluno. Ao dar a si mesmo um tempo para pensar sobre uma ideia, você também está dando tempo ao aluno para pensar como ele poderia expressar a ideia de forma mais eficaz. Dessa maneira, você não precisa ficar nervoso por não entender o que está sendo dito, e não tem de se preocupar em perder outros alunos que não conseguem acompanhar uma ideia ou procedimento complexo ou expresso inarticuladamente.

Tentações a resistir

Colocar palavras na boca de um aluno ou presumir que você sabe o que um aluno está tentando dizer. Isto é muito fácil de fazer, especialmente quando você está sentindo a pressão do tempo. Continue sondando o pensamento do aluno e deixe claro que é *você* quem não entende – não é que o aluno esteja fazendo um mau trabalho com a sua explicação. Isso dará a ele a confiança de que as ideias dele são importantes para você.

Como posso fazer meus alunos irem além do algoritmo tradicional quando resolverem um problema?

Uma crença de que existe uma maneira melhor de resolver um problema matemático é a tradição nos Estados Unidos. Mesmo que as Standards for Mathematical Practice estabeleçam que os alunos devam entender o significado das quantidades, e não apenas como calculá-las, a transição entre saber *o que fazer* e entender *por que* leva algum tempo. Essa é outra razão por que as Conversas Numéricas podem ser uma experiência de aprendizagem tão importante – mesmo para estudantes do ensino médio. Saber que há muitas maneiras de resolver quase todos os problemas é, em última análise, libertador tanto para os alunos quanto para os adultos. Entender os números e como as operações atuam sobre eles é o alicerce para o trabalho que os alunos do ensino médio fazem em matemática. Capacitar as crianças a raciocinar com números, em vez de lembrar o que *devem* fazer, demanda tempo, paciência e coragem.

Estratégias que funcionaram para nós

- Na primeira vez em que o tradicional algoritmo americano com papel e lápis é oferecido como estratégia durante uma Conversa Numérica, explicamos brevemente o que é um algoritmo.* A partir disso, sempre que a chamada maneira "normal" surge como uma estratégia, escrevemos *algoritmo tradicional* no quadro. Quando os números ficam maiores nas Conversas Numéricas, os alunos que continuam a se agarrar a esses algoritmos gradualmente vão percebendo que outros métodos podem ser muito mais fáceis e mais eficientes.
- Também tentamos encontrar problemas que são difíceis de serem resolvidos com o algoritmo tradicional, porém mais fáceis com um método diferente; às vezes são necessárias algumas tentativas até encontrarmos uma que funcione. Em uma turma do ensino médio, por exemplo, os alu-

---

* Um algoritmo é definido como "uma sequência de passos precisamente especificada que levará a uma solução completa" para qualquer operação em que você estiver trabalhando (BASS, 2003, p. 323). O problema é que as etapas do algoritmo tradicional foram simplificadas de modo tão compactado que o por que de funcionarem fica escondido da visão quando os alunos as utilizam. Para mais sobre cálculos e algoritmos, veja Bass (2003).

nos finalmente desistiram do algoritmo tradicional quando seu professor lhes deu este problema: "Você vai comprar cinco *milk-shakes* para você e seus amigos. Cada *milk-shake* custa R$ 1,99. Quanto você pagou pelos *milk--shakes?*".

- Algumas vezes dizemos: "Alguém na classe _____ fez isso. Vejam se vocês entendem o que eles fizeram". Então escolhemos outro problema ideal para essa nova estratégia e que os alunos tenham a chance de experimentar a ideia. Primeiro, solicite que eles compartilhem como resolveram o problema; se ninguém compartilhar a nova estratégia, pergunte: "Alguém experimentou o método que os alunos da outra turma tentaram?". Se ninguém experimentou, pergunte: "Como vocês acham que eles podem ter usado sua estratégia para resolver esse problema?".

- Outra estratégia que usamos para incentivar os alunos a raciocinar é dizer algo como: "Posso ver que muitos de vocês usaram o algoritmo tradicional, mas, quando vocês estiverem tentando resolver algo de cabeça, existem outras estratégias que são mais fáceis de entender e muito mais fáceis de usar. Vamos examinar esse problema. De que outra maneira poderíamos fazer isto para que seja mais fácil? E de que outra maneira podemos pensar sobre isto?... E alguma outra maneira?". Se continuamos a perguntar: "E alguma outra maneira?", mudamos a ênfase de como os alunos resolveram o problema para outras maneiras que eles *poderiam* pensar sobre o problema. Descobrimos que essa sutil diferença pode engajar os alunos a pensarem juntos de forma diferente e criativa.

Tentações a resistir

Presumir que um aluno entende por que um procedimento funciona ou assumir que o algoritmo tradicional é a melhor maneira de resolver um problema. Esperar que os alunos expliquem por que um algoritmo tradicional funciona em geral não é produtivo, porque a maioria dos alunos que aprenderam matemática como procedimentos, não foram convidados a encontrar sentido nesses procedimentos. Isso não quer dizer que entender a lógica e os princípios matemáticos subjacentes a esses algoritmos não seja importante. Ao contrário, descobrimos que, depois que as operações fizerem sentido para os alunos, por meio do próprio raciocínio, os procedimentos nesses algoritmos tradicionais tornam-se mais transparentes.

Quando um aluno usa o algoritmo tradicional, não há problema em fazer algumas perguntas do tipo "Por quê?", mas, conforme discutido, você não vai querer ficar preso ao *porquê* se os alunos se voltarem para *o quê*. Às vezes, lembramos aos alunos do objetivo das Conversas Numéricas dizendo, por exemplo: "Com as

Conversas Numéricas, lembrem-se de que estamos tentando usar estratégias para encontrar sentido e que facilitem raciocinar com números. Vocês conseguem pensar em uma maneira de resolver este problema que seja mais fácil para vocês?".

Já na terceira semana de aula, há alguns alunos que querem compartilhar quase todos os dias, enquanto muitos outros nunca compartilharam nada. Como eu posso ter mais alunos envolvidos?

Isso acontece em todas as salas de aula. Alguns alunos naturalmente gostam de compartilhar suas ideias, enquanto outros não. Por quê? Primeiramente, conversar com toda a classe requer experiência, o que muitos não tiveram, e confiança, o que falta a muitos deles. Os alunos podem não ter uma resposta ou podem ter medo de que sua resposta esteja errada. Podem não ter confiança em suas habilidades linguísticas. Podem ter medo de não conseguir explicar como chegaram à sua resposta. Podem, em geral, ser tímidos. Alguns alunos podem ter tido muito pouca experiência em explicar suas ideias em casa, enquanto outros falam constantemente com seus pais.

Fala-se muito sobre a importância de uma cultura segura na sala de aula, e concordamos com isso. Os alunos precisam ter a confiança – no professor e nos outros alunos da classe – de que mesmo suas ideias novas e incompletas serão respeitadas. Embora uma cultura segura seja essencial, ela não é suficiente para assegurar a participação de todos.

O dilema é que explicar e justificar é essencial para *todos* os alunos. No entanto, saber que, a qualquer momento, podem ser chamados para falar muda a natureza do que as pessoas conseguem pensar. Muitos alunos acham que a possibilidade de serem chamados a qualquer momento pode facilmente desviar sua atenção e, em vez de pensar mais profundamente sobre o tópico em questão, pensam em quando serão escolhidos para falar, com níveis variados de ansiedade, dependendo do quanto se sentem preparados.

Trabalhamos diligentemente nos bastidores para encorajar os alunos relutantes a começar a compartilhar suas ideais e, mesmo assim, raramente alcançamos 100% de sucesso. Trabalhamos de acordo com a premissa de que todos os alunos terão controle sobre a decisão de contribuir ou não publicamente para o discurso na sala de aula.

Estratégias que funcionaram para nós

- Com frequência dizemos: "Gostaria de ouvir alguém que ainda não teve a chance de compartilhar". Então *esperamos*... e esperamos mais um pouco.

Você poderá descobrir que contar silenciosamente até 10 ou 20 faz parecer ser uma duração de tempo interminável. Se ninguém se oferece como voluntário depois de um longo tempo de espera, tente uma abordagem diferente, mas retorne a essa estratégia nas Conversas Numéricas posteriores.

- Às vezes, reunir um pequeno grupo de alunos em uma Conversa Numérica privada pode ser efetivo para auxiliá-los a desenvolver confiança em sua habilidade de explicar seu pensamento. Convidá-los a compartilhar suas estratégias em um pequeno grupo pode ser uma forma mais segura para que aprendam a compartilhar seu pensamento com os outros – e eles geralmente acabam percebendo que suas ideias são valiosas. Sabemos que isso é mais fácil em uma sala de aula circunscrita do início do ensino fundamental do que em uma sala de aula de matemática do fim do ensino fundamental ou do ensino médio, nas quais os alunos entram e saem a toda hora. Portanto, seja paciente consigo mesmo, mas também seja persistente e gradualmente tenha uma rápida Conversa Numérica individual ou em pequenos grupos com os alunos que você ainda não ouviu. Algumas vezes isso é o suficiente para conseguir que um aluno participe mais ativamente nas discussões com toda a classe.
- Em classes de alunos mais velhos que são penosamente relutantes, alguns professores tiveram sucesso fazendo-os compartilharem suas estratégias com um vizinho antes de toda a turma ser convidada a compartilhar. Um alerta aqui é o de que criar uma situação em que é esperado que todos os alunos compartilhem pode ser assustador para aqueles que são hesitantes em seu pensamento, mesmo que só tenham de compartilhar com uma ou duas outras pessoas. Outro alerta é o de que, se os alunos compartilharem suas respostas antes de serem convidados a dar respostas para toda a classe, todos podem ser privados das ricas possibilidades proporcionadas pelas diferentes respostas em uma Conversa Numérica.
- Às vezes, realizamos uma avaliação formativa. Primeiro apresentamos um problema e solicitamos que os alunos o resolvam mentalmente de duas maneiras diferentes. E então que registrem suas estratégias em ambos os lados de um cartão de aproximadamente 7,5 $\times$ 12,5 centímetros. Depois que todos terminaram, os alunos compartilham dentro dos seus pequenos grupos. Aqueles que não falam com toda a classe com frequência estão dispostos a arriscar a compartilhar suas ideias com uns poucos colegas. Grupos menores também oferecem um contexto que torna mais fácil para os alunos fazerem perguntas sobre outro método. Quando as discussões em pequenos grupos começam a acalmar, pedimos que os alunos coloquem seus nomes nos cartões e os recolhemos. Esse curto processo também serve

como uma avaliação formativa valiosa para ajudá-lo a escolher a direção a tomar na próxima Conversa Numérica.

Em última análise, o que queremos é que o ambiente de aprendizagem seja seguro para todos os alunos. As palavras a seguir são de Ruth.

> Digo aos meus alunos no primeiro dia de aula que não irei colocá-los sob os holofotes, mas que lhes darei muitas oportunidades de compartilhar seu pensamento quando eles quiserem fazê-lo. Eu me esforço para não violar essa confiança. Quero que o ambiente de aprendizagem seja seguro para todos os alunos. Também exponho sobre o quanto é importante que conversem a respeito e expliquem seu pensamento. Com alunos mais silenciosos, às vezes solicito, individualmente, que compartilhem comigo seu pensamento sobre um problema. Depois que tiveram a chance de ensaiar seu pensamento comigo, solicito-lhes que pensem se gostariam de compartilhar sua ideia com a classe. Caso optem por não fazê-lo, em geral pergunto se permitem que eu compartilhe sua ideia. Depois que os alunos têm sua maneira de pensar reconhecida e valorizada, podem sentir-se mais confiantes para compartilhar suas ideias.

É possível que alguns alunos, apesar de nossos melhores esforços, nunca queiram compartilhar com toda a classe, e temos de aceitar isso, desde que saibamos que eles estão aprendendo. Dito isso, as Conversas Numéricas são uma das maneiras mais seguras de encorajá-los a participar.

Tentações a resistir

Observamos algumas práticas ao longo dos anos que inibem a conversa em sala de aula. Descobrimos que, com o tempo, evitar essas práticas resulta em conversas mais equilibradas e ponderadas na sala de aula.

- Permitir que as crianças indiquem, ou votem, verbalmente ou não (por exemplo, com sinais com a mão) quando concordam com uma resposta pode ser contraproducente. Mesmo que a intenção possa ser apoiar os outros, achamos que essa prática coloca muita ênfase na resposta, em vez de no processo de solução do problema, podendo, por fim, criar um ambiente menos seguro para o teste de novas ideias.
- Embora a eficiência seja fundamental para a fluência numérica, fazer os alunos escolherem a estratégia "melhor" ou mesmo a "mais eficiente" pode diminuir sua disposição para explorar e entender novas maneiras de raciocinar com números. Depois que eles tiverem desenvolvido confiança e flexibilidade com seu raciocínio, dar atenção à eficiência pode ser uma busca valiosa.

- Comentários que pretendem ser encorajadores ou que de alguma forma indicam uma preferência por uma estratégia em relação a outra, como "Ótimo!" e "Sim!", colocam o professor de volta aos holofotes. Um objetivo central das Conversas Numéricas é desenvolver a autonomia do pensamento e o espírito de participação nos alunos, enquanto os professores colocam-se à margem, para que o pensamento dos alunos ocupe o palco central. E, é claro, aqueles alunos que não recebem esse tipo de resposta podem achar que suas contribuições não são valorizadas ou valiosas.
- *Equity Sticks* são tentadores, mas contraproducentes. Veja o "Princípio norteador 6", no Capítulo 3.
- Conversas Numéricas que duram muito tempo podem deixar os alunos inquietos e dispersos. Com algumas exceções (veja o Capítulo 9), elas não devem durar mais do que aproximadamente 15 minutos, o que significa que às vezes você precisará encurtar uma Conversa Numérica sem ouvir todos os alunos que desejam contribuir, mas se estiver realizando-as de forma consistente e frequente, sempre haverá outra oportunidade.
- Se as Conversas Numéricas forem esporádicas, muitos alunos perdem a capacidade de desenvolver as ideias que tiveram ou ouviram dos colegas. As novas ideias são esquecidas com as lacunas de tempo. Os estudantes mais silenciosos não têm oportunidades de considerar novas estratégias e pensar como elas funcionam – o tipo de experiência que pode desenvolver sua confiança para experimentarem novas ideias publicamente.
- Para que as Conversas Numéricas tenham o impacto pretendido, o planejamento intencional deve fazer parte da seleção dos problemas; caso contrário, podem tornar-se apenas outra atividade. É improvável que pular de um problema para outro e nunca permitir que os alunos testem as novas ideias que viram ou ouviram possa resultar que eles consigam lidar com números com uma atitude flexível e confiante. Escrevemos os Capítulos 4 a 8 para ajudá-lo na escolha de problemas que decorrem uns dos outros.

E se eu ficar confuso ou cometer algum erro matemático?

Isso pode acontecer a qualquer um quando ideias matemáticas estão sendo exploradas! Para muitos de nós, aprender aritmética foi um processo mecânico que raramente oferecia a oportunidade de entender as operações e relações numéricas em profundidade, portanto, é lógico que existam muitos pontos fracos em nossa compreensão. As Conversas Numéricas nos oferecem, assim como a nossos alunos, a oportunidade de fortalecer nosso conhecimento. Aprendemos que nossa tarefa é explicar e ser a fonte de conhecimento para os estudantes, podemos no início entrar em pânico quando cometemos um erro ou ficamos confusos. Isso não é nem um pouco confortável! Mas a dissonância cognitiva é necessária para a aprendizagem – não só para nossos alunos. Erros, mesmo os nossos, são verdadeiramente lugares para aprendizagem (HIEBERT et al., 1997). Então precisamos aprender a respirar fundo e aproveitar a oportunidade de servir como modelo para nossos alunos de um espírito questionador, de curiosidade e disposição para acolher e examinar nossos erros na busca de significado. Descobrimos que é benéfico para os alunos verem a tranquilidade do seu professor diante do fato de estar confuso ou errado. Com frequência, os convidamos a colaborarem para que, juntos, possamos descobrir o que estava errado em nosso pensamento ou em nosso registro de uma ideia e percebemos que alunos de todas as idades prontamente se mostram à altura da situação.

Estratégias que funcionaram para nós

- "Nossa! Acho que tem algo errado aqui. Alguém pode me ajudar a descobrir o que é?"
- "Oh, eu me confundi. Hum – onde estou? Alguém pode me ajudar a pensar sobre isso?"
- "Acho que acabei de cometer um erro – as minhas sinapses estão disparando!"
- "Vou refletir sobre isso durante a noite, e espero que vocês me ajudem a pensar a esse respeito. Falaremos sobre isso amanhã e tentaremos descobrir."

Tentações a resistir

Ficar embaraçados com nossos erros ou tentar encobri-los ou nos desculparmos por eles – ou dizer que cometemos um erro "de propósito" – transmite a mensagem errada. Somos modelos para nossos alunos, e, se queremos que eles aprendam com seus erros, temos de estar dispostos a fazer o mesmo. O segredo é sermos abertos e honestos.

Sei que devemos usar os erros como situações para aprendizagem, mas o que devemos fazer quando a resposta, ou a metodologia, de um aluno está errada?

Às vezes até quatro – ou mais – respostas diferentes podem emergir de uma Conversa Numérica. Algumas delas se originam de pequenos erros de cálculo, enquanto outras indicam ideias erradas sobre como uma propriedade ou operação funciona. Estes últimos erros são os que oferecem a maior oportunidade de fazer avançar o conhecimento matemático dos alunos, e nosso objetivo aqui é levá-los até o ponto em que estejam genuinamente curiosos, em vez de envergonhados por seus erros.

Estratégias que funcionaram para nós

- Estabelecemos uma norma em classe de que qualquer resposta, certa ou errada, deve ser justificada. Um aluno que explica uma estratégia deve começar pela identificação da resposta que está defendendo. "Qual resposta você está defendendo?" é um bom estímulo e comunica que a lógica da matemática irá determinar se uma estratégia é sólida.
- Em geral, no início, já se torna aparente qual é a resposta "certa". Há várias maneiras possíveis de abordar as outras respostas, caso você decida que valeria a pena discuti-las. Você pode perguntar: "A pessoa que respondeu _____ gostaria de nos contar como pensou sobre isto?". Se ninguém for voluntário, você pode simplesmente deixar passar ou pode perguntar: "Como alguém poderia chegar a esta resposta?". Se houver uma questão persistente sobre qual delas está correta, você poderá falar sobre a(s) estratégia(s): "Vamos tentar isso com números menores para os quais sabemos a resposta e ver se funciona."
- Outra abordagem é transformar o erro em uma investigação da classe (veja o Capítulo 9).

Tentações a resistir

- Resista a reconhecer, verbalmente ou não, que uma resposta está certa ou errada, especialmente antes que seus alunos tenham tido a chance de examinar e defender as várias respostas. Isso poderá parecer, para alguns de vocês, uma má prática educacional. A tarefa de um professor não é auxiliar os alunos a saberem onde erraram? A realidade, no entanto, é que, quando os alunos ouvirem diferentes maneiras de resolver os problemas, eles mesmos perceberão os próprios erros – e trabalharão para corrigir seu pensamento. É importante dar-lhes a chance de fazer isso. Mais uma vez, depois de estabelecido um ambiente seguro, não faz mal perguntar: "Alguém que agora sabe que sua resposta está errada gostaria de compartilhar o que fez?". No entanto, se você não tiver voluntários, é importante não colocar alunos específicos em uma posição difícil.

O que fazer se eu não souber como registrar o pensamento de um aluno?

Registrar é mais complicado do que parece, e essa não é uma ciência exata. O principal é escrever o suficiente para que a classe possa ver claramente como funciona a estratégia de um aluno. Escreva muito pouco, e assim provavelmente não terá pressionado o aluno o suficiente para entender por que seu método faz sentido; escreva demais, e o pensamento do aluno fica confuso e/ou difícil de ser acompanhado pelos outros.

Há muitas maneiras efetivas de registrar, mas, como os problemas de registro são um pouco diferentes para cada operação, incluímos exemplos das formas de registrar o pensamento dos alunos no respectivo capítulo de cada operação (veja os Capítulos 4 a 8). Esperamos que você os ache úteis enquanto experimenta o que funciona para você.

Estratégias que funcionaram para nós

Descobrimos que é útil ouvir um aluno por algum tempo antes de começarmos a escrever, para que assim seja possível entender a estratégia ou para onde a matemática está se direcionando. Se ficarmos muito emperrados sem saber como registrar a estratégia, podemos expressar isso, e ocasionalmente até mesmo convidamos o aluno a vir até o quadro para demonstrá-la.

Como eu ajudo meus alunos do ensino médio a terem controle da situação?

As Conversas Numéricas ajudam alunos de todas as idades a se tornarem responsáveis pelo próprio raciocínio. Alunos do ensino médio já tiveram muito tempo para praticar o que acreditam ser suas responsabilidades na classe de matemática; tipicamente, estas incluem ouvir atentamente o professor para que saibam como seguir os passos para "a" maneira de resolver o problema. No entanto, as Conversas Numéricas mudam as regras quanto ao que é esperado deles. Quando um professor pergunta: "Por que isso faz sentido?", os alunos podem ficar desconcertados, confundindo o que *faz sentido* com o que eles devem *fazer*. Às vezes, ficam frustrados porque, subitamente, saber o que fazer não é o suficiente.

Lamentavelmente, não existe uma varinha mágica para ajudar os alunos a perceberem que encontrar sentido no que eles fazem os capacita a usar a matemática em muitas situações. Assim, enquanto você os auxilia durante a caminhada, é importante lembrar que o sucesso é um grande motivador, e nada parece ser tão bom

CONVERSAS NUMÉRICAS

quanto realmente se entende. Dito isso, encontramos alguns itens que podem ajudar a atrair o interesse dos alunos e mudar seu pensamento.

Estratégias que funcionaram para nós

- Primeiramente, descobrimos que começar com *conversas com cartões de pontos* (veja a lição em sala de aula no Capítulo 2) tem muito valor para todos os alunos, desde o ensino fundamental até o médio. Essas conversas não têm a bagagem de uma operação aritmética. É divertido visualizar os pontos, e os alunos ganham experiência com a importante prática matemática de explicar seu pensamento de modo claro em um contexto de baixo risco. Esse também é um passo inicial fundamental para facilitar que os alunos entendam que as pessoas veem – e pensam – de maneiras diferentes. E o que é mais importante – as conversas com cartões de pontos nivelam o campo de jogo, por assim dizer. As pessoas veem de forma diferente, e cada um pode falar sobre o que vê. Várias dessas conversas, não apenas uma, assentam uma base mais firme para o uso de práticas matemáticas em um ambiente sem risco.
- Em segundo lugar, já vimos professores atraírem a atenção de alunos mais velhos com contextos que lhes são familiares, como com o problema de matemática sobre o *milk-shake* mencionado anteriormente. Também já vimos professores às vezes incluírem Conversas Numéricas em outros contextos; um professor, por exemplo, propôs uma que envolvia a subtração de 90° ou 180° quando sua classe estava estudando ângulos complementares e suplementares. Por outro lado, se você quiser despender apenas 15 minutos com as Conversas Numéricas, em geral irá querer apresentar problemas de cálculo sem um contexto (os chamados problemas com *naked numbers*) para que todo o foco esteja em como os números e operações funcionam e por quê. Quando você usa um contexto para as Conversas Numéricas, ele não deve ser tão complexo que atraia a atenção dos alunos e os afaste do trabalho com números.
- Uma palavra final sobre ter o controle da situação: paciência. Não desista. Mantenha conversas curtas, menos de 15 minutos, para que prenda a atenção dos alunos. E seja encorajador: o sucesso é um ótimo motivador.

Tentações a resistir

Ceder e desistir. As Conversas Numéricas fornecem as bases para o raciocínio numérico e algébrico, e há muito a ganhar, não desista delas, das suas crianças, ou de você mesmo.

As Conversas Numéricas permitem que se estabeleça uma cultura em que se espera que os alunos encontrem sentido na matemática do seu próprio jeito, aprendam a defender suas ideias matematicamente e a ouvir e a se basearem no pensamento dos seus pares. Essas características são a essência das *práticas matemáticas*, as características e as disposições que irão prepará-los para o sucesso futuro com a matemática, para a faculdade e para suas carreiras.

Minhas Conversas Numéricas estão indo muito bem, mas elas ainda parecem ser comunicações bidirecionais entre um aluno e eu (P-A-P-A-P-A). Como eu consigo fazer os alunos ouvirem uns aos outros e conversarem entre eles?

Esta pergunta chega até a essência das Conversas Numéricas. Nosso objetivo é auxiliar os alunos a aprenderem a criar argumentos matematicamente convincentes em apoio a suas ideias e ouvir e se basear nas ideias uns dos outros. Isso com frequência significa que precisamos trabalhar de modo intencional para mudar o padrão de nossas interações com os alunos e entre eles.

Estratégias que funcionaram para nós

- Orientar os alunos para o pensamento dos outros fazendo perguntas como: "Que perguntas vocês têm para Miki?" ou "Vocês acham que o método de Ellie vai funcionar sempre? Conversem com ela sobre o que vocês pensam". Quando as mãos estiverem erguidas, não chame um aluno, mas diga: "_____ , há alguns garotos que querem falar com você". Então deixe que aquele que está compartilhando tome a iniciativa de chamar alguém.
- Você pode colaborar para que os alunos aprendam a perguntar dizendo: "Alguém tem alguma pergunta?" ou "Isso faz sentido para vocês?" depois que compartilharam uma maneira de pensar. Se um aluno desejar compartilhar algo sobre a qual não está seguro, isso deve ser comemorado.
- Você pode responder dizendo: "_____ não está segura se sua ideia faz sentido, então ela está pedindo a ajuda de vocês, portanto, prestem muita atenção aqui". Queremos construir uma comunidade de aprendizes em que os alunos saibam que estamos todos juntos nessa, tentando aprender novas maneiras de trabalhar eficientemente com os números.

Tentações a resistir

Apressar-se demais em responder. Os alunos estão acostumados a esperar por nós para responder às ideias, e estamos acostumados a responder. É importante esperar um pouco depois que um aluno compartilha para que seus colegas tenham a chance de pensar sobre as perguntas que podem ter. Esse tempo de espera também permite que o aluno que está compartilhando pense sobre a sua resposta e talvez a aperfeiçoe.

O mais difícil para mim é saber quais perguntas fazer! Como eu posso vencer isso?: "Quem pensou sobre isto de uma maneira diferente?"

Esta é outra pergunta importante. As Conversas Numéricas não têm a ver realmente com quantas maneiras os problemas são resolvidos; elas têm a ver com entender como os alunos encontram sentido nos problemas que apresentamos. As perguntas que fazemos podem auxiliá-los a valorizar enquanto aprendem a fazer perguntas uns aos outros.

Estratégias que funcionaram para nós

- Depois que um aluno compartilhou uma estratégia, frequentemente perguntamos se alguém resolveu da mesma maneira, anotando as suas respostas. Conforme mencionado, também perguntamos: "Que perguntas vocês têm para _____?". Primeiro ouvimos as perguntas dos alunos antes de fazer as nossas. Quando os alunos não fazem nenhuma pergunta entre si, em geral dizemos: "Bem, eu tenho uma pergunta", e então fazemos perguntas como: "Por que você _____?" ou "Você pode explicar o que estava pensando aqui?". Mesmo que possamos entender completamente uma estratégia que foi compartilhada, com frequência pensamos em ideias importantes na estratégia que podem ser confusas para alguns alunos; por exemplo, faríamos uma pergunta proposital, como: "Por que você adicionou 4 aqui?" quando um aluno subtraiu um múltiplo de 10 e depois somou de volta.
- Algumas vezes também solicitamos que os alunos ponderem sobre o que é semelhante e/ou diferente em relação a duas estratégias que foram compartilhadas pelos seus colegas.

  Kathy Richardson, que desenvolveu a prática das Conversas Numéricas com Ruth e as denominou pela primeira vez como tal, diz:

> [...] o poder das Conversas Numéricas provém da capacidade de inspirar cada criança a pensar e encontrar sentido na matemática que lhes é apresentada. Elas nunca estão tentando descobrir o que o professor quer. Ao contrário, estão totalmente engajadas em seu próprio processo de busca de sentido... Uma Conversa Numérica é uma oportunidade para as crianças aprenderem que podem descobrir algo novo por conta própria de uma maneira que faça sentido para elas. Este é o verdadeiro significado de *aprendiz por toda a vida*. (RICHARDSON, 2011).

Sabemos que depois que você estiver desenvolvendo esse trabalho, provavelmente descobrirá que com frequência, durante as Conversas Numéricas, seus alunos estarão ensinando a você e seus pares mais do que você os está ensinando, o que faz maravilhas pela forma como se sentem como pensadores matemáticos.

É provável que o mais importante que você possa fazer a si mesmo é encontrar um colega com quem colaborar e conversar enquanto embarca nesta jornada. Apesar dos possíveis obstáculos no caminho, com o tempo, os benefícios para você, seus alunos e sua sala de aula como comunidade compensarão muito os desafios.

Seguindo em frente 11

Neste livro, compartilhamos com você nossas mais profundas crenças sobre ensino e aprendizagem, em conjunto com o que esperamos que seja uma orientação suficientemente prática para lhe ajudar a iniciar e dar continuidade a esta prática transformadora. Esperamos que esteja animado para começar Conversas Numéricas ou levá-las até o próximo nível em sua sala de aula e confiante para mantê-las ativas. Lembre-se de que isso não implica mudar todo o seu programa de matemática – são apenas 15 minutos por dia. E, quanto mais frequente você incorporar esses 15 minutos à sua instrução regular, mais as ideias matemáticas dos seus alunos irão impulsionar a aprendizagem de todos.

Pensamos nas Conversas Numéricas como a oferta de um espaço dedicado às ideias dos alunos, e você vai se encantar com as constantes surpresas à medida que eles compartilharem suas ideias de forma livre. Quando você deixar de ensinar *o que fazer*, e passar a encorajar os alunos a pensarem do seu próprio jeito; quando deixar de instruir a respeito de procedimentos que devem ser praticados e propor problemas e deixar que os estudantes deem conta deles; e deixar de definir o que quer que seja dito e ouvir com curiosidade honesta o que eles têm a dizer, então a sua forma de ensinar e a vida em sua sala de aula irão mudar para sempre.

Você já ouviu muito de nós, então agora gostaríamos de ouvir os muitos alunos e professores que compartilharam conosco suas experiências com as Conversas Numéricas.

> É preciso uma força matemática muito mais produtiva para inventar uma estratégia e testá-la do que memorizar um procedimento. Acredito que as Conversas Numéricas são uma maneira poderosa, indolor e não ameaçadora de explorar uma matemática, na qual os alunos conversam sobre matemática, raciocinam matematicamente e desenvolvem um forte senso numérico. Eu sempre irei usá-las em minhas aulas. – *Donna, professora de matemática, University of Alabama, em Birmingham*

Muitos alunos inicialmente ficam ansiosos e nervosos para realizar as Conversas Numéricas, mas suas habilidades se desenvolvem de forma lenta, e eles começam a usar as estratégias dos seus colegas, às vezes adotando os métodos que são mais eficientes. Para minha sala de aula e alunos, as Conversas Numéricas servem como um meio para discutir o que é a matemática, como podemos nos comunicar em matemática e como podemos aprender uns com os outros a desenvolver nossa compreensão dos conceitos matemáticos. – *Tara, professora do ensino médio, Novo México*

Durante meus 17 anos de trabalho com estudantes do ensino médio e adultos, tenho observado um desconforto quase unânime com a compreensão da aritmética básica. Mesmo os alunos que são fluentes com algoritmos tradicionais muito raramente entendem como eles funcionam ou por que são válidos. Pior ainda, eles não conseguem ver sua importância. Essa falta de expectativa com eles mesmos de poderem chegar a um nível mais profundo de entendimento permeia cada aspecto do seu trabalho, mesmo nos níveis mais altos dos cursos de matemática. As Conversas Numéricas abordam essa questão de uma forma mais direta e eficiente que jamais pensei que fosse possível.

Descobri que alunos das mais variadas origens e níveis de conforto com a matemática sentem-se igualmente engajados e desafiados durante as Conversas Numéricas, não importando a aparente dificuldade do problema em questão. É raro encontrar uma atividade matemática que com tanta eficiência coloque todos os alunos no mesmo nível e vá direto ao que pode muito bem estar na essência de nossos desafios como educadores de matemática: a crença amplamente aceita dos alunos (e eu diria que também de muitos professores) de que a habilidade de repetir uma lista impressionante de algoritmos de modo acurado e eficiente constitui uma aprendizagem de alta qualidade da matemática. Alunos e educadores desenvolvem-se de forma imensa quando essa crença é questionada de maneira tão autêntica. – *Debbie, professora de matemática, Spokane Falls Community College, Washington*

Inicialmente, eu estava apenas fazendo [matemática] da maneira tradicional, mas agora vi como outros pensam sobre os problemas, vejo que isso pode ser mais fácil. Acho que estou mais inteligente por simplificar e entender melhor. Além disso, posso melhorar ainda mais. – *Javier, ensino médio, Santa Clara Valley, Califórnia*

Comecei as Conversas Numéricas com minha classe de intervenção, e de forma rápida trasformou-se na parte favorita da aula para meus alunos. Quando eles chegam, a primeira pergunta é se iremos realizar uma Conversa Numérica naquele dia. É impressionante ouvir as diferentes maneiras dos alunos pensarem a respeito de um problema, e eles se espantam com as muitas formas que existem de resolvê-lo. – *Nisha, professora do 7ª e 8º anos, Washington*

Isto me mostrou novas maneiras de pensar sobre os problemas e me ajudou a perceber o que eu estava fazendo *enquanto* resolvia os problemas. Fico impressionada pelo que está no meu cérebro e o que posso fazer de cabeça. Inicialmente, eu apenas usava o algoritmo tradicional. Depois que comecei a olhar para isso com diferentes pontos de vista, fiquei impressionada por conseguir pensar: "Bem, 5% de 100 reais é 5 reais, então 5% de 200 reais é 10 reais." – *Andie, 1ª série do ensino médio, San Francisco, Bay Area*

Apenas uma semana na escola e já tenho alguns alunos que não são proficientes em inglês dispostos a compartilhar, o que é muito bom. – *Mark, professor do 6º ano, Washington*

No começo do ano letivo, os alunos se esforçam para serem capazes de explicar seu pensamento usando apenas suas próprias palavras. Muitos deles querem escrever no quadro seu processo de pensamento, mas, se forem solicitados a explicar usando apenas a comunicação verbal, serão capazes de formar melhor seus pensamentos. Com o tempo, as explicações dos alunos melhoram paralelamente à sua confiança. Eles também tornam-se melhores ouvintes. Parecem sentir-se motivados para ouvir uns aos outros, não só porque isso é o que se espera deles, mas também porque estão interessados nos métodos dos colegas. Sempre os encorajei a experimentar um método de uma Conversa Numérica anterior, e os alunos nunca tiveram problema em fazer isso. Finalmente, o senso numérico dos alunos se refinou. Pude constatar a melhora durante momentos em aula que não eram de Conversas Numéricas. Enquanto faziam um aquecimento, os alunos começaram a resolver os problemas da mesma maneira que na Conversa Numérica, em vez de usar os algoritmos tradicionais. Eles tornaram-se mais eficientes em aritmética mental, e atribuo isso completamente a essas Conversas Numéricas. O trabalho da classe em geometria também foi impactado, porque encontrar múltiplos métodos transformou-se em uma norma. Os alunos eram zelosos quando se tratava de compartilhar seus meios. De um modo geral, as Conversas Numéricas criaram uma cultura em sala de aula de compartilhar ideias, ouvir uns aos outros e tornarem-se pensadores matemáticos mais flexíveis. – *Melissa, professora do ensino médio, Los Angeles, Califórnia*

Tenho visto muito mais alunos interessados em compartilhar suas ideias do que no primeiro dia, e só estou fazendo [Conversas Numéricas] há quatro dias! – *Suzy, professora do 5º ano, Washington*

Acho que o benefício principal é que as Conversas Numéricas estimulam um ambiente seguro na sala de aula. Em primeiro lugar, não vinculando a atividade ao *conteúdo de hoje* – e à consequente insegurança de sentir-se perdido na aula – existe um número muito maior de pessoas que se sentem suficientemente confiantes para compartilhar. – *David, professor do ensino médio, San Francisco Bay Area*

Em meus dois primeiros anos de ensino, usei as Conversas Numéricas de forma inconsistente e as encaixava quando tinha tempo. No entanto, neste ano, destinei um tempo no meu cronograma diário para elas, e tenho visto resultados incríveis! Muitos alunos (incluindo aqueles que já são fortes em matemática) que chegaram a mim com muito pouco senso numérico e pouca compreensão do valor posicional estão agora manipulando números com facilidade e usando-os para resolver problemas de diferentes maneiras. Tenho visto um impacto significativo nas disposições matemáticas dos estudantes. Eles gostam mais de matemática (até mesmo solicitando mais Conversas Numéricas) e estão mais dispostos a dedicar algum tempo para pensar sobre os problemas, em vez de solicitar auxílio de forma imediata. Em relação a outras disciplinas, notei que meus alunos buscam padrões em tudo o que fazemos. Estão usando as competências do pensamento crítico necessárias nas Conversas Numéricas para analisar os livros que estão lendo, os experimentos de ciências e sua escrita. – *Amanda, professora do 3º ano, Alabama*

Incluímos este último comentário de uma professora do 3º ano do ensino fundamental para lhe auxiliar a perceber que, com o tempo, cada vez mais alunos que são experientes com as Conversas Numéricas chegarão a você, provenientes de classes como a de Amanda. Quando isso acontecer, dar início a Conversas Numéricas será muito mais fácil, porque você não terá que trabalhar tão arduamente para convencer os alunos de que existem diferentes maneiras de pensar sobre os problemas ou que é muito seguro compartilharem suas ideias.

Será uma grande jornada trabalhar com seus alunos para que as Conversas Numéricas realmente sejam valorizadas. Sim, haverá dificuldades, mas não desista! Encontre diversos colegas que possam colaborar com você e lhe deem apoio ao longo da caminhada. Lembre-se, essa é uma grande chance para você e seus alunos. Mudanças reais e duradouras demandam tempo e prática. Depois que você estiver no caminho, temos certeza de que jamais desejará voltar atrás, e irá constatar que esse trabalho é profundamente gratificante. Portanto, não deixe de aproveitar a jornada!

Apêndice A

▍ Planejando uma Conversa Numérica

Antecipe as diferentes estratégias que os alunos podem usar para resolver o problema (ou como eles podem *ver* um cartão de pontos).	Como você vai registrar cada uma dessas estratégias?
Quais perguntas você pode fazer para entender plenamente e representar o pensamento e/ou método de um aluno?	Ao refletir sobre essa Conversa Numérica, o que você pode observar, que problema poderia criar para a próxima aula com Conversa Numérica e por quê?

Apêndice B

Propriedades das operações em números racionais

Propriedades da adição

Propriedade comutativa da adição:
$$a + b = b + a$$
$$2 + 3 = 3 + 2$$

Propriedade associativa da adição:
$$(a + b) + c = a + (b + c)$$
$$(2 + 3) + 4 = 2 + (3 + 4)$$

Existência de identidade: o número zero satisfaz
$$a + 0 = a = 0 + a$$
$$3 + 0 = 3 = 0 + 3$$

Existência de inverso aditivo: para um número racional a, existe $-a$, tal que
$$a + (-a) = 0$$
$$2 + (-2) = 0$$

Propriedades da multiplicação

Propriedade comutativa da multiplicação:
$$a \times b = b \times a$$
$$2 \times 3 = 3 \times 2$$

Propriedade associativa da multiplicação:
$$(a \times b) \times c = a \times (b \times c)$$
$$(2 \times 3) \times 4 = 2 \times (3 \times 4)$$

Existência de identidade:
$$a \times 1 = 1 \times a = a$$
$$3 \times 1 = 1 \times 3 = 3$$

Existência de inverso multiplicativo:
para cada número racional não zero a, existe $1/a$, tal que
$$a \times 1/a = 1$$
$$2 \times 1/2 = 1/2 \times 2 = 1$$

Ligando multiplicação e adição: a nona propriedade

Propriedade distributiva da multiplicação sobre a adição:
$$a \times (b + c) = (a \times b) + (a \times c)$$
$$a(b + c) = ab + ac$$
$$3(2 + 5) = 3(2) + 3(5)$$

Apêndice C

Cartão de pontos

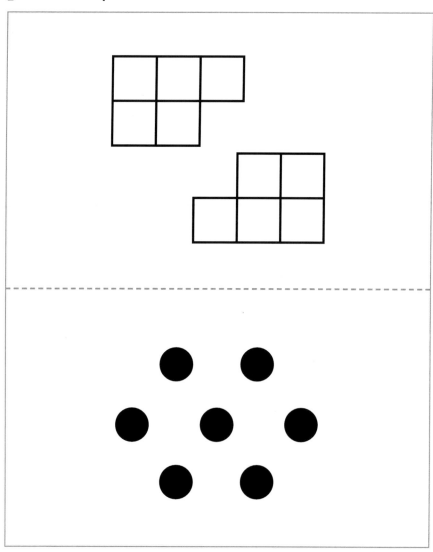

APÊNDICE C **191**

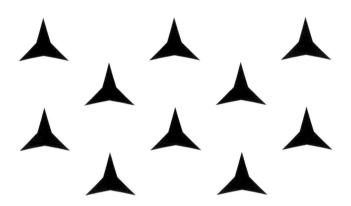

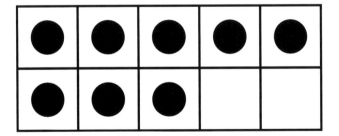

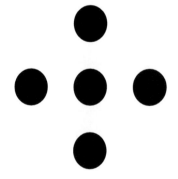

APÊNDICE C 193

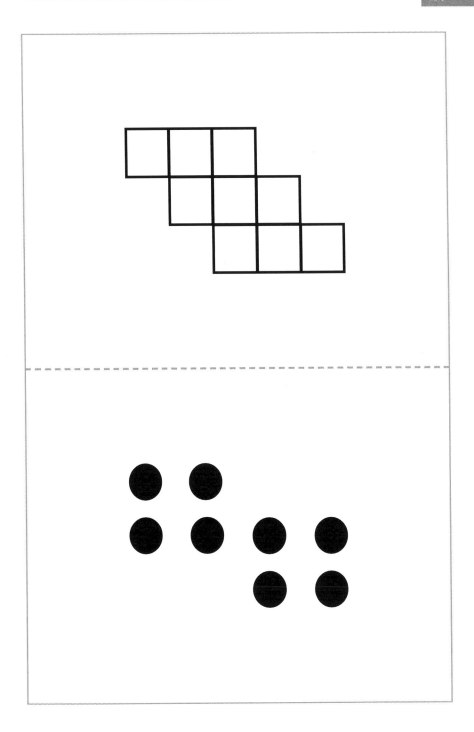

APÊNDICE C

Estratégias para subtração

61 - 27

- Adicionar (representar com e sem a reta numérica aberta)

- Decompor o subtraendo (representar com e sem a reta numérica aberta)

- Adicionar a mesma quantidade ao subtraendo e minuendo (representar com e sem a reta numérica aberta)

- Arredondar o subtraendo para o mais próximo de 10 (ou 100, 1000, etc.) e compensar

- Usar números negativos

APÊNDICE C

Brinque com estes problemas

Brinque com estes problemas **usando as principais estratégias** para subtração. Quais estratégias funcionam com eficiência? Tente não usar nenhuma "regra" que você conheça.

$$7,46 - 6,85 \qquad 60,12 - 0,2$$

$$8,2 - 0,97 \qquad 3\tfrac{1}{4} - 1\tfrac{5}{8}$$

$$3\tfrac{1}{5} - 2\tfrac{4}{5} \qquad -5 - (-9)$$

$$-3 - 2$$

Referências

BANDURA, A. A evolução da teoria social cognitiva. In: BANDURA, A.; AZZI, R. G.; POLYDORO, S. (Orgs.). *Teoria social cognitiva:* conceitos básicos. Porto Alegre: Artmed. p. 15-41.

BASS, H. Computational fluency, algorithms, and mathematical proficiency: one mathematician's perspective. *Teaching Children Mathematics*, v. 9, n. 6, p. 322–327, 2003.

BEILOCK, S. *Choke:* what the secrets of the brain reveal about getting it right when you have to. New York: Simon and Schuster, 2011.

BOALER, J. Research suggests that timed tests cause math anxiety. *Teaching Children Mathematics*, v. 20, n. 8, p. 469–474, 2014.

BOALER, J. *What's math got to do with It?:* helping children learn to love their most hated subject: and why it's important for America. New York: Viking, 2008.

BOALER, J.; HUMPHREYS, C. *Connecting mathematical ideas:* middle school video cases to support teaching and learning. Portsmouth: Heinemann, 2005.

BURNS, M. *About teaching mathematics:* a K–8 resource. 3rd ed. Sausalito: Math Solutions, 2007.

BURNS, M. *The math solution:* teaching mathematics through problem solving. Sausalito: Marilyn Burns Education Associates, 1984.

CALIFORNIA STATE DEPARTMENT OF EDUCATION. *Mathematics model curriculum guide:* kindergarten through grade eight. Sacramento: CSDE, 1988.

CARPENTER, T. P.; FRANKE, M. L.; LEVI, L. *Thinking mathematically:* integrating arithmetic and algebra in elementary school. Portsmouth: Heinemann, 2003.

DARO, P. Teaching and learning in the era of the common core state standards and assessments. In: NATIONAL COUNCIL OF SUPERVISORS OF MATHEMATICS ANNUAL CONFERENCE, 46., 2014, New Orleans. Proceedings... Aurora: NCSM, 2014.

DARO, P. The common core state standards: make the difference. In: NATIONAL COUNCIL OF SUPERVISORS OF MATHEMATICS ANNUAL CONFERENCE, 42., 2010, San Diego. Proceedings... Aurora: NCSM, 2010.

DUCKWORTH, E. The having of wonderful ideas. In: DUCKWORTH, E. *The having of wonderful ideas and other essays on teaching and learning.* New York: Teachers College, 1987. c. 1, p. 1-14.

DWECK, C. *Mindset:* the new psychology of success. New York: Random House, 2006.

FOSNOT, C. T.; DOLK, M. *Young mathematicians at work:* constructing fractions, decimals, and percents. Portsmouth: Heinemann, 2002.

FOSNOT, C. T.; DOLK, M. *Young mathematicians at work:* constructing multiplication and division. Portsmouth: Heinemann, 2001.

HARRIS, P. W. *Building powerful numeracy for middle and high school students.* Portsmouth: Heinemann, 2011.

HIEBERT, J. Relationships between research and the NCTM standards. *Journal for Research in Mathematics Education*, v. 30, n. 1, p. 3–19, 1999.

HIEBERT, J. et al. *Making sense:* teaching and learning mathematics with understanding. Portsmouth: Heinemann, 1997.

KAMII, C. *Young children reinvent arithmetic:* implications of piaget's theory. 2nd ed. New York: Teachers College, 2000.

KAZEMI, E. Discourse that promotes conceptual understanding. *Teaching Children Mathematics,* v. 4 n. 7, p. 410–414, 1998.

KAZEMI, E.; HINTZ, A. *Intentional talk:* how to structure and lead productive mathematical discussions. Portland: Stenhouse, 2014.

KLIMAN, M. et al. *Building on numbers you know:* computation and estimation strategies: grade 5. Palo Alto: Dale Seymour, 1996.

LABINOWICZ, E. *The Piaget primer:* thinking, learning, teaching. Palo Alto: Dale Seymour, 1980.

LANE COUNTY MATHEMATICS PROJECT. *Problem solving in mathematics:* grade 7. Palo Alto: Dale Seymour, 1983a.

LANE COUNTY MATHEMATICS PROJECT. *Problem solving in mathematics:* grade 8. Palo Alto: Dale Seymour, 1983b.

MA, L. *Knowing and teaching elementary mathematics:* teachers' understanding of fundamental mathematics in China and the United States. Mahwah, NJ: Lawrence Erlbaum Associates, 1999.

MAIER, E. *Long division dead as a dodo bird?* 1982. Disponível em: <https://www.mathlearningcenter.org/resources/lessons/archive/gene/long_division_dead>. Acesso em: 23 jun. 2018.

MOSCHKOVICH, J. Supporting the participation of english language learners in mathematical discussions. *For the Learning of Mathematics,* v. 19, n. 1, p. 11–19, 1999.

NATIONAL COUNCIL OF TEACHERS OF MATHEMATICS. *Curriculum and evaluation standards for school mathematics.* Reston: NCTM, 1989.

NATIONAL GOVERNORS ASSOCIATION CENTER. Council of Chief State School Officers. *Common core state standards for mathematics.* Washington: NGA Center, CCSSO, 2010.

REYS, R. et al. *Computational estimation:* grade 7. Palo Alto: Dale Seymour, 1987.

RICHARDSON, K. *What is the distinction between a lesson and a number talk?* 2011. Disponível em: <http://rpdp.net/admin/images/uploads/resource_8321.pdf>. Acesso em: 23 jun. 2018.

ROWE, M. B. Wait time: slowing down may be a way of speeding up. *Journal of Teacher Education,* v. 37, n. 1, p. 43–50, 1986.

SAWYER, W. W. *A mathematician's delight.* Westminster: Penguin, 1961.

TOBIAS, S. *Overcoming math anxiety.* New York: W. W. Norton, 1978.

VAN DE WALLE, J. A.; LOVIN, L. H. *Teaching student-centered mathematics:* grades 5–8. Boston: Pearson Allyn and Bacon, 2006.

Leitura recomendada

MATHEMATICS EDUCATION COLLABORATIVE. *Multiplication:* helping your children know their basic facts. Portsmouth: Heinemann, 2006. (Supporting School Mathematics: how to work with parents and the public).

Índice

A

A mesma diferença, 52-53, 144-148
  decimais, 53, 165-166
  frações, 53, 165-166
  inteiros, 54-55
adição
  Adicionar, 84-85, 93-95
  Arredondar e ajustar, 85-86
  Começar pela esquerda, 83, 87-90
  Decompor uma das parcelas, 83-84, 89-94
  estratégias para, 82-85
  investigações, 147-149
  Tirar e dar, 83, 86-88
  Trocar os dígitos, 84-85
Adicionar, 84-85, 93-95
agência
  matemática, 31-33, 141-142
  social, 31-33
álgebra, 9-10
  aritmética e, 78-81
  geometria e, 153-154
algoritmos, 7-10
  limitações dos, 30-31, 131-132
  tradicionais, 170-172
alunos
  agência, 31-33, 141-142
  compartilhando o pensamento, 31-32, 171-175
  dependência de procedimentos mecânicos, 66-70
  discussões, 21-22, 183-185
  ensino médio, 178-180
  erros, 176-178
  estratégias eficientes, 163-164
  ideias matemáticas, 29-30, 66-67
  interações, 179-181
  pensamento matemático, 66-67
  perseverança, 141-142
  registro, 177-179
ambientes de aprendizagem seguros, 31-32
Anderson, Richard, 96
ansiedade matemática, 63
aprendizagem
  erros e, 30-31
  mentalidades de crescimento, 30-31
  mentalidades fixas, 30-31
aritmética
  álgebra e, 78-81
  algoritmos, 7-10
  concepções erradas, 8-9
  facilidade com, 7-10
  pensamento e, 10, 12-13
  procedimentos mecânicos, 7-8, 8-9
Arredondar
  e ajustar, 85-86
  o subtraendo, 45-49
  um fator e ajustar, 70-72, 74-77
Association for the Advancement of Science (Associação Americana para o Avanço da Ciência), 96

B

Baratta-Lorton, Mary, 139-140
barras de progresso do *download*, 133-134
Bass, Hyman, 8-9

binômios, 80-81
Boaler, Jo, 9-10, 63
Brinque com estes problemas, 164, 195

C

California Assessment Program (CAP), 130-131
cartas de memorização, 63
cartões de pontos, 15-20, 178-179, 190-193
casas decimais, 128-132
combinações numéricas, 63
Começar pela esquerda, 83, 87-90
Common Core State Standards, 56-57, 80-81, 96, 142-143
Common Core State Standards for Mathematical Practice, 169-170
compartilhando o pensamento, 31-32, 142-144, 171-175
computação, 9-10
confusão, 32-34
conhecimento matemático, 142-143
contraexemplos, 140-141
Conversas Numéricas, 1-3, 6-8
  adição, 82-95
  cálculo, 9-10
  cartões de pontos, 15-20
  consistência das, 20-21
  divisão, 96-110
  encontrar sentido e, 10, 56-57
  estratégias do professor, 25-26, 62, 168-182
  expressar-se claramente, 25
  ideias do aluno, 21-22, 183-186

ÍNDICE

investigações, 136-137,
155-156
linguagem, 20-21
matemática mental, 25
modelo de área, 79-81
multiplicação, 63-81
noções básicas, 37-38
passos para, 12-15
pensando juntos, 20-21
pressão gradual, 19-20
princípios norteadores para,
29-35
problemas com o plano de
apoio, 25
propriedade distributiva da
multiplicação sobre a
adição, 78-81
registro do pensamento,
21-23
relações do valor posicional,
62
respostas erradas, 24-25
respostas múltiplas, 23
reta numérica aberta, 82,
90-91
tempo de espera, 19-20
valor das, 183-187
cultura em sala de aula, 172-174,
185-186

D

Daro, Phil, 56-57, 80-81
decimais
adição
Adicionar, 93-95
Arredondar e ajustar,
85-86
Começar pela esquerda,
88-90
Decompor uma das
parcelas, 92
Tirar e dar, 86-88
estimativa, maior ou menor?,
128-129
estratégias para, 57-62,
128-131, 135
multiplicação, 129-131
Arredondar um fator e
ajustar, 76-77
Decompor um fator em
duas ou mais parcelas,
73-74

Dividir pela metade um
dos números e duplicar
o outro, 77-78
respostas aproximadas,
128-129
divisão, 129-130
Fazer uma torre, 103
Reduzir pela metade e pela
metade, 105-109
Tirar uma parte, 100
subtração
A mesma diferença, 53,
165-166
Arredondar o subtraendo,
47-49
Em vez disso, somar, 50-51,
165-166
Separar por posição, 56-58
Decompondo o subtraendo,
48-50
Decompor um fator em duas
ou mais parcelas, 69-70,
71-74, 157-160
denominador comum, 121-123
discurso matemático, 29-35
dissonância cognitiva, 2-3, 32-35,
176-177
diversidade de ideias, 33-35
dividendo, 96-97
Dividir pela metade um dos
números e duplicar
o outro, 71-72, 76-78,
146-154
Dividir por um, 155-158
divisão
decimais, 102, 104, 107-109,
129-130
Dividir por um, 155-158
divisão longa, 96
Em vez de dividir, multiplicar,
97-100
estratégias para, 96-101,
103-110
Fazer uma torre, 96-98,
103-106
frações, 104-106, 108-110,
125-128
Isso vai funcionar sempre?,
154-156
longa, 96
modelo de medida, 126-127
polinômios, 96

Reduzir pela metade e pela
metade, 98, 105-110,
154-156
símbolos para, 99-100,
126-127
Tirar uma parte, 96-98,
100-101
divisor, 96-97
Duckworth, Eleanor, 166-167
Duplicar um número, 37-38
Dweck, Carol, 30-31

E

eficiência, 30-32, 57-58
Em vez de dividir, multiplicar,
97-100
Em vez disso, somar, 50-51,
165-166
encontrando sentido, 56-57
ensinar ouvindo, 18-21
ensino da matemática, 6-8
discussões, 12-15
procedimentos mecânicos, 63
ensino médio
compreensão da aritmética,
9-10, 39-40
controle da situação pelos
alunos, 178-180
frações, 111-112
geometria, 39-40
pensamento multiplicativo,
66-67
erros, 30-31, 59-60, 174-178
estimativa, 128-129
estratégias do professor, 25-26
compartilhamento de ideias
entre alunos, 171-175
controle da situação pelos
alunos, 178-180
cultura de sala de aula segura,
172-174, 185-186
entendendo os alunos,
169-170
erros, 174-178
explicando, 12-13
indo além dos algoritmos,
170-172
interações com os alunos,
179-181
perguntas, 180-182
registro, 177-179
tentações a resistir, 169-181

ÍNDICE

estratégias para Conversas
Numéricas
adição
Adicionar, 93-95
Arredondar e ajustar,
85-86
Começar pela esquerda,
87-90
Decompor uma das
parcelas, 89-92
frações, 121-123
Tirar e dar, 86-88
Trocar os dígitos, 147-149
decimais, 135
maior ou menor?, 128-129
Onde está a casa decimal?,
129
divisão
decimais, 129-130
Dividir por um, 155-158
Em vez de dividir,
multiplicar, 97-100
Fazer uma torre, 98,
103-106
Isso vai funcionar sempre?,
154-158
Reduzir pela metade e pela
metade, 98, 105-110
Tirar uma parte, 97,
100-102
frações, 111-128, 131-133, 135
adição, 121-123
divisão, 125-128
Frações na reta numérica,
118-120
maior ou menor?, 113-115
mais próximo de, 114-118
multiplicação, 122-126
Qual é maior?, 118
subtração, 122-123
investigações, Isso vai
funcionar sempre?,
136-167
multiplicação
Arredondar um fator e
ajustar, 74-77
decimais, 128-131
Decompor um fator em
parcelas, 71-74, 157-161
Dividir pela metade um
dos números e duplicar
o outro, 76-78, 151-154

Fatorar um fator, 73-75
frações, 122-126, 148-152
representações
geométricas, 157-162
Planejando uma Conversa
Numérica, 188
porcentagem, 130-135
Propriedades das operações
em números racionais,
188
subtração
A mesma diferença, 52-53,
55-56, 144-148
Arredondar o subtraendo,
45-49
Brinque com estes
problemas, 164, 195
Decompor o subtraendo,
48-50
Duplicar um número,
37-38
Em vez disso, somar, 50-51
Estratégias para subtração,
191
frações, 122-123
maior potência de 10
seguinte, 38-39
Reduzir um número pela
metade, 38-39
Separar por posição, 55-58
estratégias. *Veja também*
estratégias do professor;
estratégias para Conversas
Numéricas;
cartões de pontos, 15-20
desenvolvidas pelo aluno,
15-16
variedade de, 36-38
Estratégias para subtração,
163-166, 191
estresse, 31-32
estudantes de língua inglesa
compartilhando o
pensamento, 184-185
linguagem, 21-22

F

Fatorar um fator, 70-71, 73-75
Fazer uma torre, 96-98, 103-106
fim do ensino fundamental
compreensão da aritmética,
9-10

frações, 111-112
pensamento multiplicativo,
37-38, 66-67
FOIL (primeiro, fora, dentro,
último), 80-81
frações
adição, 121-123
Adicionar, 94-95
Arredondar e ajustar,
85-86
Começar pela esquerda,
89-90
Decompor uma das
parcelas, 92-94
Tirar e dar, 86-88
confusas, 124-126
denominadores comuns,
121-123
divisão, 125-128
Fazer uma torre, 103-106
Reduzir pela metade e pela
metade, 108-110
estimativa, maior ou menor?,
113-115
estratégias para, 111-128,
131-133, 135
Mais próximo de, 114-118
modelo de medida, 126-127
multiplicação, 122-126
Arredondar um fator e
ajustar, 76-77
Decompor um fator em
duas ou mais parcelas,
73-74
Dividir pela metade um
dos números e duplicar
o outro, 77-78
Isso vai funcionar sempre?,
148-151
na reta numérica, 118-120
porcentagens, como, 131-133
encontrar sentido e,
127-128
respostas aproximadas,
122-126
subtração, 122-123
A mesma diferença, 54-55,
165-166
Arredondar o subtraendo,
47-49
Em vez disso, somar, 50-51,
165-166
Qual é maior?, 118

ÍNDICE

G

geometria
  álgebra e, 153-154, 157-158
  Conversas Numéricas e,
    39-40, 185-186
  ensino médio, 16-17, 39-40
  modelo de área, 79-80

H

Hintz, Allison, 14

I

ideias matemáticas, 29-30,
    66-67, 183
inteiros, A mesma diferença,
    54-56
*Intentional talk: how to structure
    and lead productive
    mathematical discussion*
    (Kazemi e Hintz), 14
investigações, 136-137
  adição, 147-149
  divisão, 154-158
  multiplicação, 148-152,
    157-162
  passos para, 138-144
  processamento de todo o
    grupo, 142-144,
    146-148, 150-154
  representações geométricas,
    157-162
  Standards for Mathematical
    Practice, 165-167
  subtração, 144-148, 163-166
  trabalho em pequenos grupos,
    140-142, 146-149, 151-
    152, 154-156, 161-163
Isso vai funcionar sempre?,
    136-144, 166-167
  adição
    Trocar os dígitos, 147-149
  divisão
    Dividir por um, 155-158
    Reduzir pela metade e pela
      metade, 154-156
  multiplicação
    Decompor um fator em
      duas ou mais parcelas,
      157-163

Dividir pela metade um
    dos números e duplicar
    o outro, 151-154
  representações
    geométricas, 157-163
  multiplicação de frações
    Trocar os numeradores ou
      denominadores,
      147, 150-151
  subtração
    A mesma diferença,
      144-148
    Brinque com estes
      problemas, 164

K

Kazemi, Elham, 14

L

linguagem, 21-22
linha numérica dupla, 133-134
Lofgren, Patty, 142-144

M

Maier, Gene, 96
maior ou menor?, 113-115,
    128-129
maior potência de 10 seguinte,
    38-39
mais próximo de, 114-118
matemática
  compreensão, 1
  contraexemplos, 140-141
  investigações, 136-143
  prova, 140-141
  solução de problemas, 136
matemática mental, 1, 12-13, 25,
    30-31, 185-186
Math Learning Centre (Centro
    de Aprendizagem de
    Matemática), 96
Mathematical Association of
    America (Associação
    Americana de
    Matemática), 96
mentalidade
  de crescimento, 30-31
  fixas, 30-31
*Mindset: a nova psicologia do
    sucesso* (Dweck), 30-31

minuendo, 42-43, 57-58
*Mathematics model curriculum
    guide: kindergarten
    through grade eight*
    (Richardson), 28
modelo de área, 79-81
modelo de medida, 126-127
multiplicação, 76-77
  algoritmos, 68-70
  Arredondar um fator e
    ajustar, 70-72, 74-77
  binômios, 80-81
  decimais, 129-131
  Decompor um fator em duas
    ou mais parcelas, 69-73,
    157-163
  Dividir pela metade um dos
    números e duplicar o
    outro, 71-72, 76-78,
    151-154
  estratégias para, 63-81
  Fatorar um fator, 70-71, 73-75
  FOIL (primeiro, fora, dentro,
    último), 80-81
  frações, 123-126, 148-151
  investigações, 157-163
  modelo de área, 79-81
  representações geométricas,
    157-163

N

National Assessment for
    Educational Progress
    (Avaliação Nacional do
    Progresso Educacional
    –NAEP), 121-122
Normas para Currículo e
    Avaliação do National
    Council of Teachers
    of Mathematics –
    (NCTM), 121-122
normas sociomatemáticas,
    140-141
números negativos, 54-56,
    164-166, 191

P

parcelas, 69-70, 73-74, 82-84,
    89-92
pensamento
  aluno e professor, 20-21

ÍNDICE

aritmética e, 10, 12-13
compartilhando o, 15-21
conceitual, 29-34
multiplicativo, 37-38
registro, 21-22
pensamento matemático, 28
agência, 31-33
compartilhando o, 31-32,
142-144, 171-175
compreensão, 32-33
conceitual, 29-31, 131-132
confusão, 32-34
discussões, 61-62
diversidade de ideias, 33-35
eficiência, 30-32, 57-58
encontrar sentido e, 56-57,
66-67, 139-140, 178-179
erros, 30-31, 59-60
papel e lápis, 96-97
perguntas autênticas, 29-30
registro, 72-73, 82, 90-91,
177-179
perguntas autênticas, 29-30
estratégias do professor,
180-182
perseverança, 141-142
Piaget, Jean, 33-34
Planejando uma Conversa
Numérica, 188
porcentagem
estratégias para, 130-135
frações e, 131-133
número, de um, 132-135
porcentagem de *versus*
porcentagem de
desconto, 134-135
pressão gradual, 19-20
procedimentos mecânicos, 7-8,
63, 66-67, 96-97
processamento de todo o grupo
compartilhando o
pensamento, 142-144
conhecimento matemático e,
142-143

investigações, 142-144,
146-148, 152-154
propriedade distributiva da
multiplicação sobre a
adição, 78-81
propriedades das operações em
números racionais, 188
propriedades dos números reais,
90-91
prova, 140-141

Q

Qual é maior?, 118
quociente, 96-97

R

Reduzir pela metade e pela
metade, 98, 105-110,
154-156
Reduzir um número pela
metade, 35
registro, 72-73, 82, 90-91,
177-179
relações do valor posicional, 62
representações geométricas,
157-163
respostas erradas, 24-25
respostas múltiplas, 23
reta numérica aberta, 42-43, 82,
90-91, 118-120
Richardson, Kathy, 28, 180-182
Rowe, Mary Budd, 19-20

S

Separar por posição, 55-58
separar uma parcela, 89-94
símbolos, 99-100
solução de problemas, 136
somas e diferenças, 121-122
Standards for Mathematical
Practice, 9-10, 19-20,

34-35, 140-141, 165-167,
170-171
subtração
A mesma diferença, 44-45,
52-56
adicionando, 43-45, 49-51
arredondando, 42-43, 45-48
Brinque com estes problemas,
164, 195
decompondo, 42-43, 48-50
distância, como, 41
estratégias para, 41-48,
163-166, 191
investigações, 144-148,
163-166
números negativos, 55-56
reta numérica aberta, 42-43
retirando, como, 41
Separar por posição, 45-46,
55-58
subtraendo, 42-43, 45-46, 47-51,
57-58

T

tarefa de casa, 139-140
tempo de espera, 19-20
testes cronometrados, 63
The having of wonderful ideas
(Duckworth), 166-167
Tirar e dar, 83, 86-88
Tirar uma parte, 96-97, 100-102
trabalho em pequenos grupos
estratégias eficientes, 163-164
investigações, 140-141,
146-147, 148-149,
151-152, 154-156,
161-163
Trocar os dígitos, 84-85, 147-149

V

valor posicional, 8-9